图 1　小菜蛾成虫

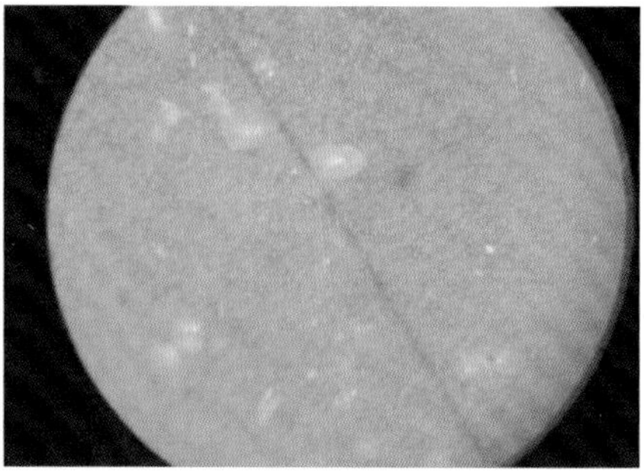

图 2　小菜蛾卵

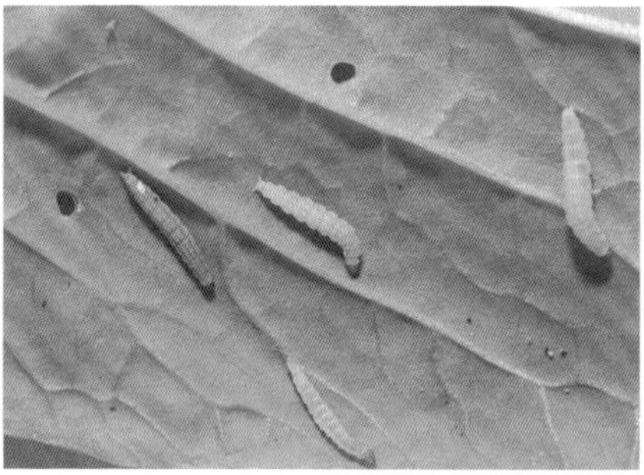

图 3　小菜蛾幼虫

图 4　小菜蛾蛹

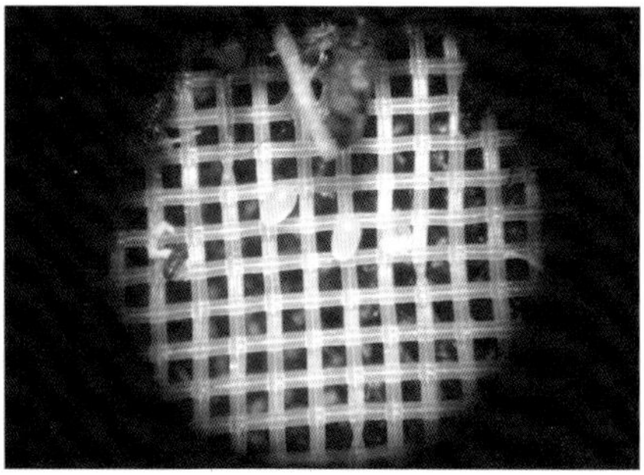

图 5　黄曲条跳甲卵

图 6　黄曲条跳甲幼虫

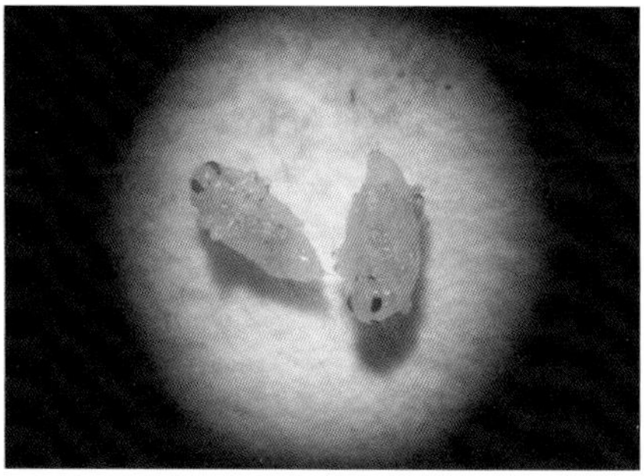

图 7　黄曲条跳甲蛹

图 8　黄曲条跳甲成虫

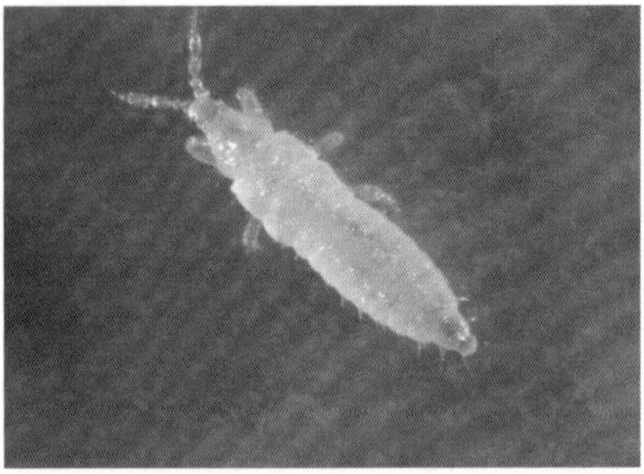
↗图 9　棕榈蓟马初孵若虫

↗图 10　棕榈蓟马成虫

↗图 11　西花蓟马若虫

↗图 12　西花蓟马若虫

↗图 13　西花蓟马成虫

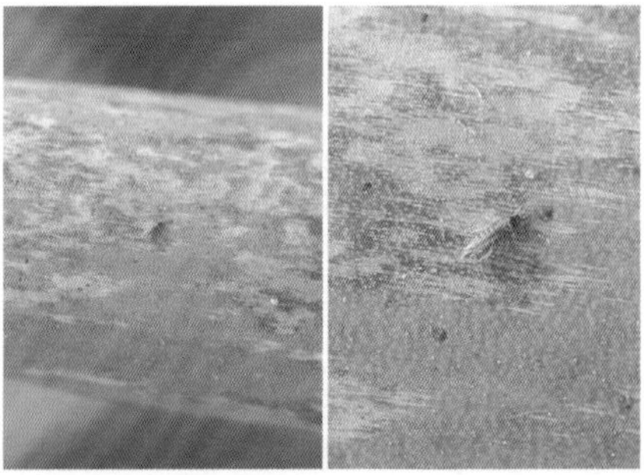
↗图 14　葱蓟马

↗图 15　甜菜夜蛾幼虫

↗图 16　斜纹夜蛾成虫

↗图 17　桃蚜

↗图 18　萝卜蚜

↗图 19　甘蓝蚜

↗图 20　烟粉虱传病

↗图 21　烟粉虱成虫

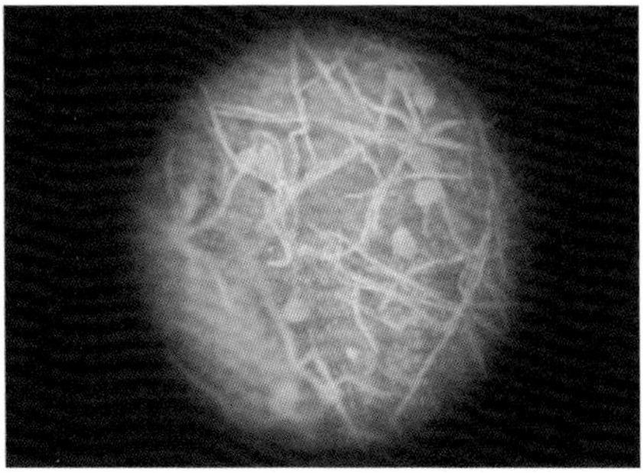

↗图 22　烟粉虱卵

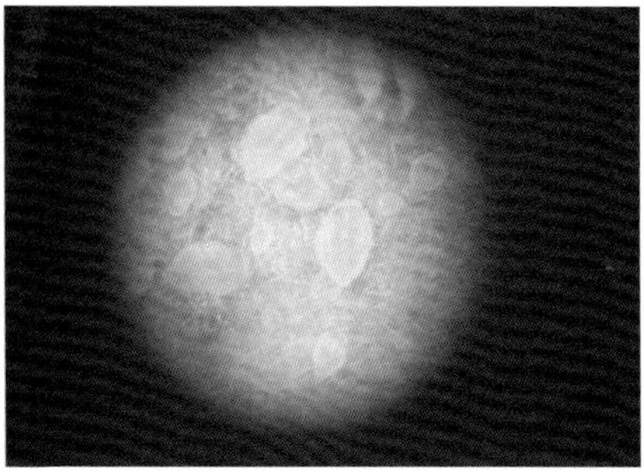

↗图 23　烟粉虱若虫

↗图 24　温室白粉虱成虫 3.2X

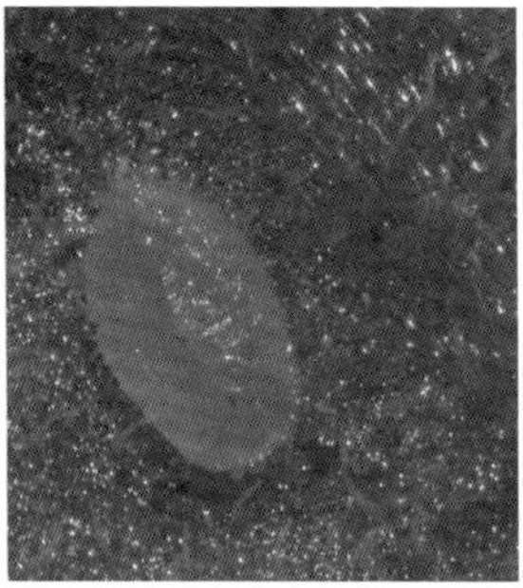

↗图 25　温室白粉虱若虫 5.0X

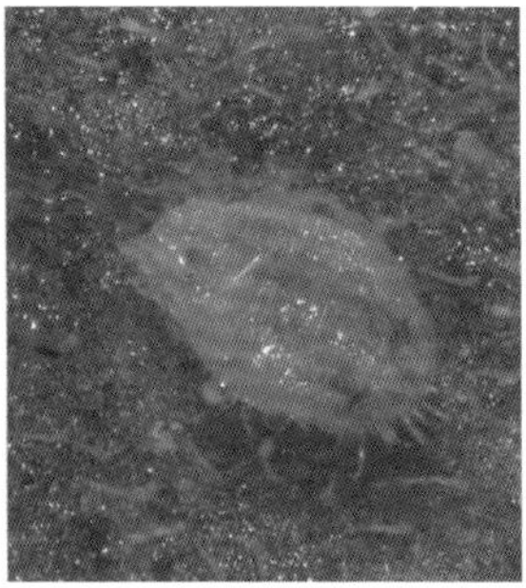

↗图 26　温室白粉虱伪蛹 25.0X

↗图 27　斑潜蝇为害状

↗图 28　菜螟为害状

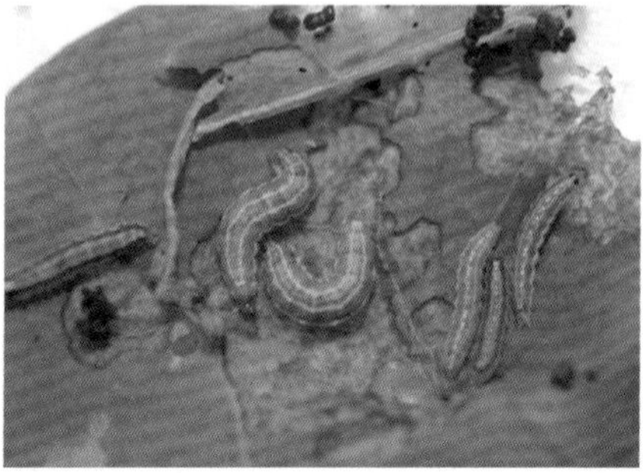

↗图 29　菜螟幼虫

↗图 30　豆荚螟成虫

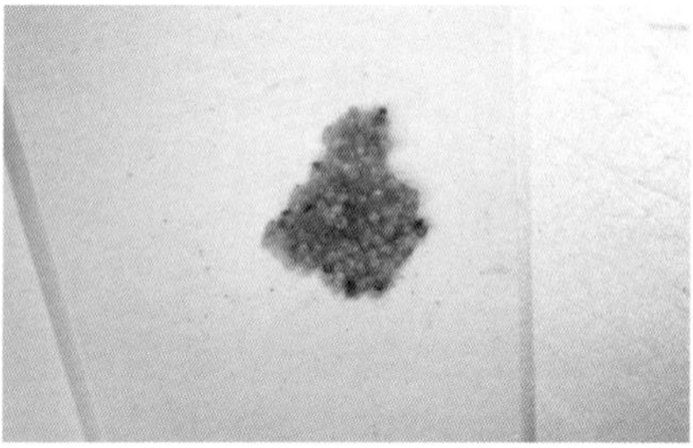

↗图 31　豆荚螟卵

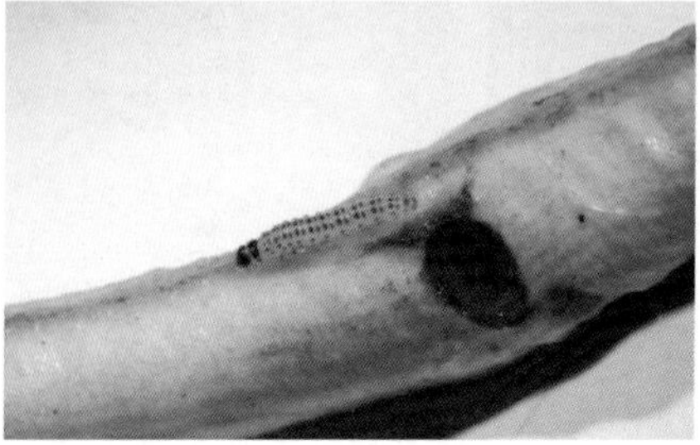

↗图 32　豆荚螟幼虫

↗图 33　豆荚螟蛹

“十三五”国家重点图书出版规划项目
改革发展项目库2017年入库项目

“金土地”新农村书系 · 现代农业产业编

蔬菜主要虫害综合治理技术

冯　夏　李振宇　林庆胜　等编著

SPM 南方出版传媒
广东科技出版社 | 全国优秀出版社
·广　州·

图书在版编目（CIP）数据

蔬菜主要虫害综合治理技术/冯夏等编著．—广州：广东科技出版社，2018. 9
（“金土地”新农村书系·现代农业产业编）
ISBN 978-7-5359-6938-5

Ⅰ.①蔬… Ⅱ.①冯… Ⅲ.①蔬菜—病虫害防治Ⅳ.①S436.3

中国版本图书馆CIP数据核字（2018）第077506号

蔬菜主要虫害综合治理技术

Shucai Zhuyao Chonghai Zonghe Zhili Jishu

责任编辑：尉义明
封面设计：柯国雄
责任校对：冯思婧
责任印制：彭海波
出版发行：广东科技出版社
（广州市环市东路水荫路 11 号 邮政编码：510075）
http：//www.gdstp.com.cn
E-mail：gdkjyxb@gdstp.com.cn（营销）
E-mail：gdkjzbb@gdstp.com.cn（编务室）
经 销：广东新华发行集团股份有限公司
排 版：创溢文化
印 刷：珠海市鹏腾宇印务有限公司
（珠海市拱北桂花北路 205 号桂花工业区 1 栋首层 邮政编码：519020）
规 格：889mm × 1 194mm 1/32 印张 3.375 插页 2 字数 85 千
版 次：2018 年 9 月第 1 版
2018 年 9 月第 1 次印刷
定 价：15.00 元

《“金土地”新农村书系·现代农业产业编》
编　委　会

主　编：刘建峰

副主编：李康活　林悦欣

编　委：张长远　冯　夏　潘学文　李敦松

邱道寿　彭智平　黄继川

本书编写人员

冯　夏　李振宇　林庆胜　尹　飞　胡珍娣

刘建峰　包华理　陈焕瑜　陆永跃　魏书军

周小毛　熊腾飞　何　玲

序 言

Xuyan

为贯彻落实党的十九大精神，实施乡村振兴战略，落实党中央国务院和广东省委、省政府的“三农”决策部署，进一步推进广东省新时代农业农村建设，切实加强农技推广工作，全面推进农业科技进村入户，提升农民科学种养水平，充分发挥农业科技对农业稳定增产、农民持续增收和农业发展方式转变的支撑作用，我们把广东省农业科学院相关农业专家开展技术指导、技术推广的成果和经验集成编撰纳入国家“十三五”重点图书出版规划项目、改革发展项目库2017年入库项目——《“金土地”新农村书系》的子项目“现代农业产业编”。

该编内容包括蔬菜、龙眼、荔枝、铁皮石斛实用生产技术及设施栽培技术、害虫生物防治、主要病虫害治理等方面。该编丛书内容通俗易懂，语言简明扼要，图文并茂，理论联系实际，具有较强的可操作性和适用性，可作为相关技术培训的参考教材，也可供广大农业科研人员、农业院校师生、农村基层干部、农业技术推广人员、种植大户和农户在从事相关农业生产活动时参考。

由于时间仓促，难免有错漏之处，敬请广大读者提出宝贵意见。

广东省农业科学院

二〇一八年一月

内容简介

Neirongjianjie

本书介绍了我国蔬菜生产的主要虫害综合治理技术，包括小菜蛾、黄曲条跳甲、蓟马、甜菜夜蛾、斜纹夜蛾、菜蚜、烟粉虱、温室白粉虱、斑潜蝇、菜螟和豆荚螟等虫害，每类虫害分别介绍其为害特点、形态特征、生活习性、发生规律、抗药性和综合防控技术等详细内容。此外，书后还附录了《国家禁用农药品种》和《蔬菜禁用农药品种》，以期为蔬菜害虫的科学防控和蔬菜的安全生产提供参考。

为满足蔬菜种植人员对蔬菜害虫防控知识的需求，针对当前蔬菜生产中的害虫为害情况和防治现状，我们编写了这本小册子。本书着重于生产技术的实操性和先进性，适合基层农业技术人员和种植专业人员参考使用。

目　录

Mulu

第一章

小 菜 蛾

小菜蛾属鳞翅目，菜蛾科，英文名 Diamondback moth，学名 *Plutella xylostella*（L.），别名吊丝虫、小青虫、两头尖。

世界性重要害虫，在 128 个国家和地区有发生记录，被认为是鳞翅目中分布最广的昆虫，我国各省区蔬菜生产区均有分布。

小菜蛾为寡食性害虫，主要寄主为十字花科蔬菜和野生的十字花科植物，为害甘蓝、紫甘蓝、菜心、青花菜、芥菜、花椰菜、白菜、油菜、萝卜等。

一、为 害 特 点

小菜蛾幼虫为害植物后的典型症状是在菜叶上形成透明斑，俗称“开天窗”，3~4 龄幼虫可将菜叶食成孔洞和缺刻，严重时全叶被吃成网状。在苗期常集中心叶为害，影响包心。在留种株上，为害嫩茎、幼荚和籽粒，影响结实等。

二、形 态 特 征

小菜蛾属完全变态昆虫，有成虫、卵、幼虫和蛹 4 种虫态。

1. 成虫

为灰褐色小蛾，体长 6~7 毫米，翅展 12~16 毫米，前后翅细长，缘毛很长，前后翅缘呈黄白色三度曲折的波浪纹，两翅合拢时呈 3 个接连的菱形斑，前翅缘毛长并翘起如鸡尾，触角丝状、褐色有白纹，静止时向前伸。雌虫较雄虫肥大，腹部末端圆筒状，雄虫腹末圆锥形，抱握器微张开（插页图 1）。

2. 卵

椭圆形，稍扁平，长约 0.5 毫米，宽约 0.3 毫米，初产时乳白色，后变成淡黄色，有光泽，卵壳表面光滑（插页图 2）。

3. 幼虫

分 4 龄。每龄初期均以头部为最宽，随着成长，体形渐变纺锤形。一龄幼虫深褐色，后变为绿色。末龄幼虫体长 10~12 毫米，纺锤形，体节明显，腹部第 4~5 节膨大，雄虫可见一对睾丸。体上生稀疏的长而黑的刚毛，头部黄褐色，前胸背板上有淡褐色无毛的小点组成两个“U”形纹。臀足向后伸超过腹部末端，腹足趾钩单序缺环。幼虫较活泼，触之，则剧烈扭动并后退（插页图 3）。

4. 蛹

长 5~8 毫米，黄绿色至灰褐色，外被丝茧极薄如网，两端通透（插页图 4）。近羽化时，复眼变深，背面出现黑色纵纹。茧纺锤形，纱网状，可透见蛹体；通常附着于菜叶背面或茎部。

三、生 活 习 性

小菜蛾发育最适温度 20~30℃。喜干旱条件，潮湿多雨对其发育不利。各虫态抗寒能力，蛹＞成虫＞幼虫。

1. 成虫

成虫昼伏夜出，白昼多隐藏在植株丛内，日落后开始取食、交尾和产卵等活动。成虫羽化后很快即能交配，交配的雌蛾当晚即产卵。有趋光性，19:00—23:00 是扑灯的高峰期。

2. 卵

雌虫寿命较长，每头雌虫平均产卵 300 粒左右。卵散产，多产于叶片背面叶脉凹陷处，偶尔 3~5 粒在一起。

3. 幼虫

卵期 3~11 天，昼夜均能孵化。初孵幼虫 4~8 小时钻入叶片上下表皮之间啃食叶肉或叶柄，蛀食成小隧道，多数从 1 龄末从潜入口退出。2 龄后不再潜叶，多在叶背面为害，取食下表皮和叶肉，仅留下上表皮呈透明的斑点，俗称“开天窗”。4龄幼虫蚕食叶片呈孔洞和缺刻，严重时将叶片表皮食尽，仅留叶脉。幼虫性活泼，受惊扰时可扭曲身体后退或吐丝下垂，待惊动后再爬至叶上。幼虫老熟后，在为害叶片背面或老叶上吐丝结网化蛹，有的在叶柄及杂草上作茧化蛹。

4. 越冬和迁飞

在我国南方地区终年可见各虫态。越冬北限为北京以北，在越冬北限以北不能顺利越冬。迁飞有“迁入迁出”和“迁入定殖”两种模式，前者如武汉和南京，后者如大同和沈阳。晴朗、温暖且风向和风力一定的天气条件，有利于小菜蛾迁飞。研究表明，小菜蛾迁飞路径主要有两条，一是经华南区、华中区进入华北区，再由华北区向东北迁飞（更北区域），二是由华南区至华东区进入东北区（图1-1）。

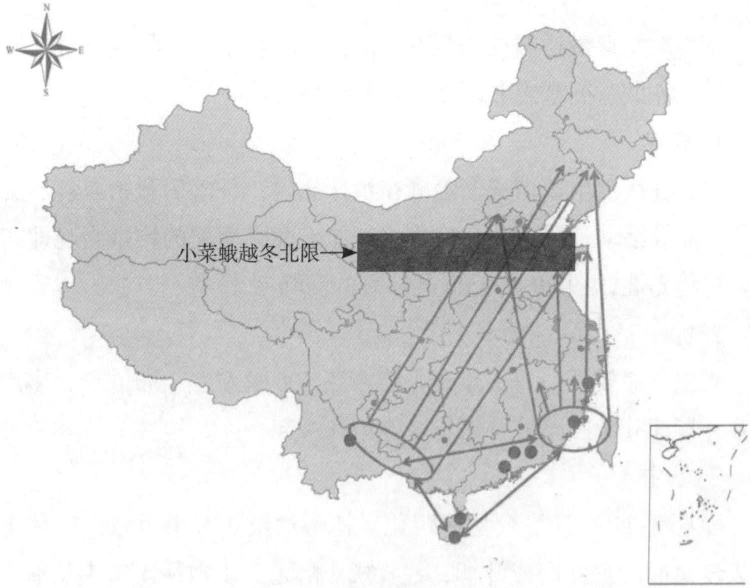

图1-1　小菜蛾越冬迁飞路径

四、发 生 规 律

小菜蛾一年发生世代数因地而异，从南向北递减。东北地区最少，一年发生 2~3 代，华南地区超过 20 代，雌虫产卵期接近或长于下代未成熟阶段的发育历期。不同区域小菜蛾的种群动态差异较大，每年小菜蛾发生高峰 1~2 个，不能越冬的地区（北京以北地区）只有 1 个明显的高峰期，可越冬的南方地区则呈春、秋季 2 个高峰期（图 1–2）。始峰时间从南至北依次推迟，海南地区为 2—3 月、华南地区和华东地区为 3—4 月、华中地区为 4—5 月、华北地区为 5—6 月、东北地区为 6—7 月。

十字花科杂草是维持小菜蛾种群延续重要的过渡寄主植物，春季北方地区小菜蛾潜伏在十字花科杂草上，然后迁入种植作物上为害。温度、降水量、作物耕作方式、天敌和寄主植物等是影响该地区小菜蛾种群数量的主要因素。随着气候变暖，我国小菜蛾发生呈北移趋势，近年来青海、内蒙古等油菜田小菜蛾发生呈加重趋势。广东省内小菜蛾受耕作制度及气候变暖等因素影响，年发生高峰期等生物学规律发生了变化，春峰提前至 2 月中旬至 3 月中旬，而秋峰则推迟至 10 月以后；在相同耕作制度下，小菜蛾发生的春峰与秋峰为害程度差异显著缩小，甚至有春峰高于秋峰的趋势。高温、降雨、干旱等极端气候条件可能降低小菜蛾产卵量及卵孵化率。散户种植与规模化菜场中小菜蛾的灾变规律存在明显差异，散户种植的春峰与秋峰变化不大，但规模化菜场秋峰为害程度下降，春峰提高。

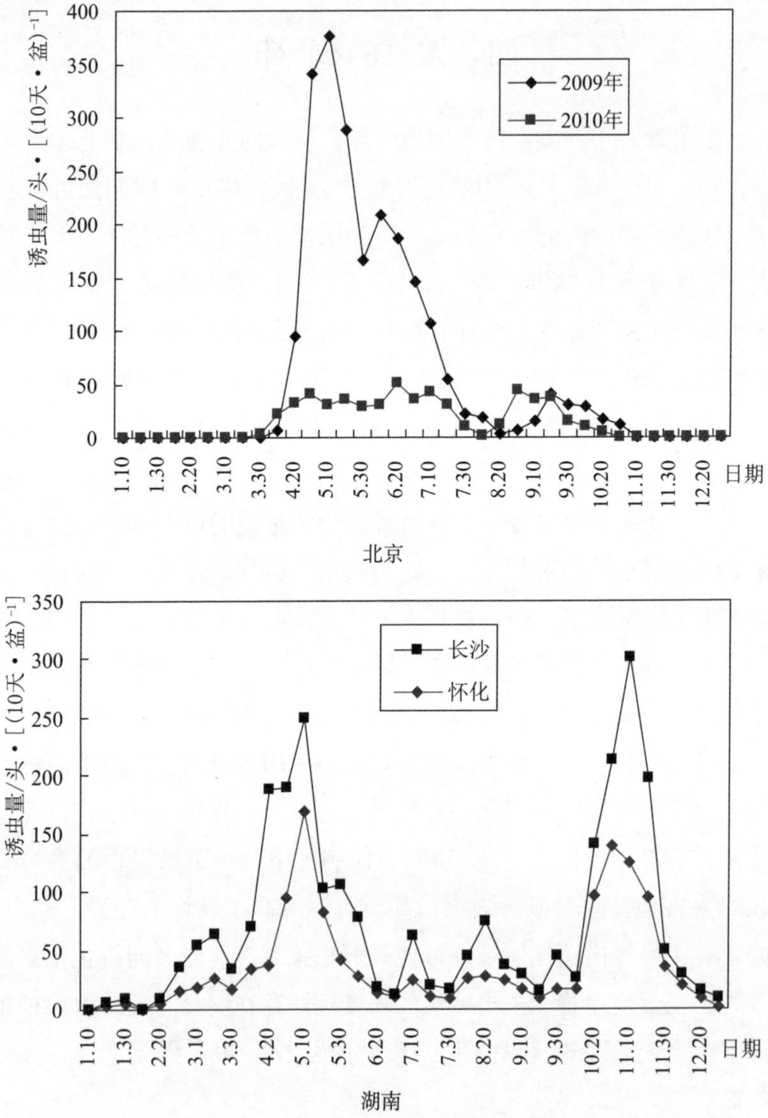

图 1-2　北京和湖南地区小菜蛾发生动态

五、抗 药 性

（一）抗药性监测

1. 抗药性监测方法

执行农业行业标准 NY2360—2013。

2. 抗药性水平的分级标准（表 1–1）

表 1–1 小菜蛾抗药性水平的分级标准

抗药性水平分级	抗药性倍数 / 倍
低水平抗药性	RR ≤ 10.0
中等水平抗药性	10.0 < RR < 100.0
高水平抗药性	RR ≥ 100.0

（二）敏感毒力基线与抗药性的快速诊断

1. 小菜蛾敏感毒力基线（表 1–2）

表 1–2 杀虫剂对南京敏感品系（NJS）和北京敏感品系（BJS）的毒力基线数据

药剂	LC_{50}/（毫克・升$^{-1}$）	毒力回归方程	95% 置信限	备注
氯虫苯甲酰胺	0.23	Y=0.98X+5.63	0.18~0.28	NJS
氟虫双酰胺	0.06	Y=2.45X+7.94	0.04~0.10	BJS
阿维菌素	0.02	Y=2.04X+8.50	0.01~0.03	NJS
苏云金杆菌	0.26	Y=1.54X+0.91	0.03~0.50	BJS
多杀菌素	0.12	Y=2.05X+6.96	0.09~0.14	NJS
高效氯氰菊酯	3.55	Y=1.58X+4.06	3.05~5.21	NJS
啶虫隆	0.33	Y=1.30X+4.64	0.11~0.58	NJS
丁醚脲	21.39	Y=1.46X+2.86	18.52~46.11	BJS
溴虫腈	0.4	Y=1.17X+5.47	0.20~0.79	BJS

续表

药剂	LC_{50}/（毫克·升$^{-1}$）	毒力回归方程	95% 置信限	备注
茚虫威	0.52	Y=1.48X+5.42	0.37~0.72	NJS
氰氟虫腙	16.31	Y=1.69X+2.95	8.38~31.75	BJS
乙基多杀菌素	0.02	Y=1.57X+7.53	0.01~0.04	NJS

注：1. 南京敏感品系（NJS）的毒力基线制订：2001 年引自于英国洛桑试验站，在室内经单对纯化筛选的敏感品系，在不接触任何药剂的情况下在室内饲养。

2. 北京敏感品系（BJS）的毒力基线制订：1995 年引自于美国康奈尔大学，在室内经单对纯化筛选的敏感品系，在不接触任何药剂的情况下在室内饲养。

2. 田间种群抗药性的快速诊断

制定了氯虫苯甲酰胺、阿维菌素、Bt 制剂、高效氯氰菊酯、多杀菌素、溴虫腈、啶虫隆、丁醚脲、茚虫威 9 种常用药剂对小菜蛾的抗药性诊断剂量，分别为 0.3 毫克 / 升、10 毫克 / 升、120 毫克 / 升、15 毫克 / 升、1.5 毫克 / 升、3 毫克 / 升、15 毫克 / 升、160 毫克 / 升、25 毫克 / 升，实现了小菜蛾田间种群抗药性的快速诊断，并已全面应用于全国各地小菜蛾抗药性监测。当用诊断剂量处理小菜蛾田间种群时有＞ 10% 虫量存活下来，即为抗药性产生信号。

（三）全国 2011—2015 年抗药性状况

1. 高效氯氰菊酯

抗药性一直居高不下，大部分监测点小菜蛾田间种群对该药抗药性均已达到极高水平抗药性，且抗药性已具有一定稳定性，华南地区、华东地区抗药性最为严重，西南地区次之，目前高效氯氰菊酯在大部分地区已不适宜用于防治小菜蛾。

2. 阿维菌素

华南地区的广东、海南抗药性常年处于极高水平，西南地区、华东地区、华北地区普遍处于高水平至极高水平抗药性，但华中地区多年来抗药性结果均为中等水平抗药性，建议各区域停用一段时间，或与没有交互抗药性的药剂进行合理轮用，减少药剂选择压力（图 1-3）。

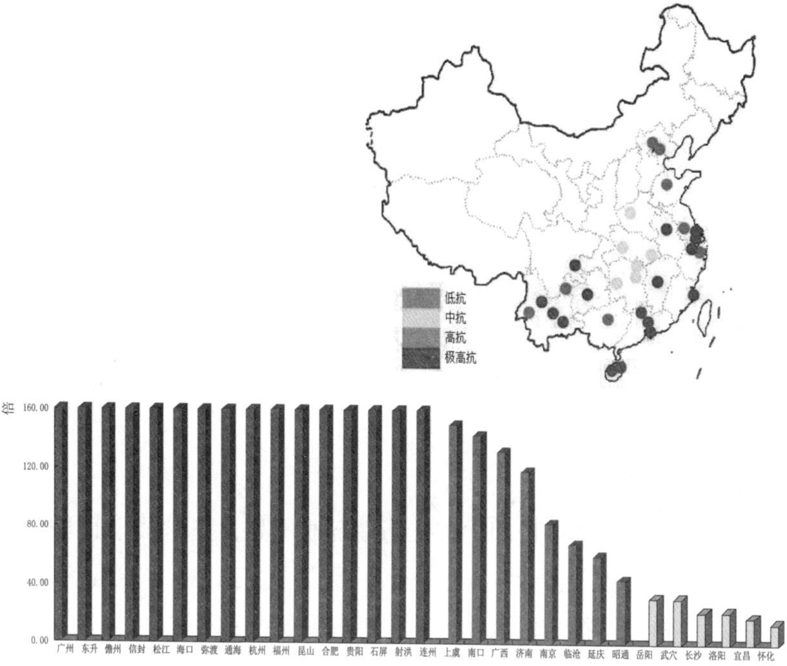

图 1-3　小菜蛾抗药性分布情况

3. 茚虫威

大部分监测点小菜蛾田间种群处于中等抗药性及以下水平，茚虫威仍可作为日常轮换用药正常使用，但华南地区、华中和华东部分地区已出现高水平及以上抗药性，应停用或慎用。

4. 啶虫隆

在华北和华东大部分地区基本处于中等及以下水平抗药性外，鲜见高水平抗药性；华中、西南和华南大部分地区已处于中等偏高抗药性水平，建议根据当地抗药性情况慎用、停用或轮用该药剂。

5. 溴虫腈

华北地区和华中地区小菜蛾田间种群抗药性普遍为中等及以下水平，鲜见极高水平抗药性，建议根据当地抗药性情况慎用、停用或轮用该药剂。

6.Bt 制剂

抗药性在我国大部地区处于相对较低水平，华中地区和洛阳均出现了高水平及以上抗药性，这与两地小菜蛾种群间迁飞与抗药性扩散有关，建议该区域暂停使用，其他地区合理进行轮换使用。

7. 多杀菌素

各监测点小菜蛾田间种群抗药性普遍处于中等水平，部分地区仍为敏感，少见高水平抗药性，未见极高水平抗药性，为延长该药剂使用寿命，延缓抗药性的发生，建议一造菜使用一次，并与其他杀虫剂合理轮用。

8. 丁醚脲

各监测点小菜蛾田间种群抗药性普遍不高，基本以低水平抗药性和敏感水平为主，尚未发现高水平及以上抗药性。主要原因有两方面，一是经过抗药性风险评估，丁醚脲抗药性风险较低；二是丁醚脲在蔬菜上较容易产生药害，使用者不会随意提高使用浓度。

9. 氯虫苯甲酰胺

2009 年应用初期发现各地小菜蛾田间种群均为敏感水平，田间防效优异，从 2011 年开始，华南地区多个菜区陆续反映该药剂出现防效下降的现象。2011 年大部分监测点小菜蛾田间种群对该药剂仍为敏感水平，但西南地区、华东地区、华南地区部分监测点，特别是广东省监测点，已监测到极高水平抗药性，建议华南地区暂停使用，其他地区科学使用。

10. 乙基多杀菌素

2011 年在我国大面积推广应用，2012 年开始发现广东地区小菜蛾对该药剂产生高水平抗药性。其他各监测点小菜蛾田间种群对该药剂仍为敏感水平。

六、综合防控技术

根据我国小菜蛾主要发生区的种植结构、气候条件、用药习惯等具体情况，将作物布局、生物防治、行为调控和药剂防治等有机融合并优化，形成了针对不同种植区域特点的无害化综合防控技术，并推广应用小菜蛾抗药性“区域治理”理念模式和技术体系，特别是形成了一套规模化菜场小菜蛾可持续防控技术体系。

（一）以生物防治为主的区域治理技术体系

通过施用 Bt 制剂、植物源农药印楝素等生物农药，配合释放绒茧蜂、半闭弯尾姬蜂等寄生蜂，建立稳定的田间寄生蜂种群，发挥天敌控害作用，形成一套以生物防治为主的区域治理技术体系。

（二）以生态调控为主的区域治理技术体系

针对大型蔬菜基地及专业生产蔬菜的村镇，采用以生态调控为主的区域治理技术：

蔬菜种类合理布局，减少十字花科蔬菜田块，并在十字花科蔬菜周边布局生菜、葱、蒜、韭菜等非十字花科蔬菜或与莴苣、韭菜及蒜葱类作物进行间作套种，每隔两造种一造非十字花科作物（图 1–4）。

大型蔬菜基地以“改变耕作制度”为主，利用小菜蛾发生的时空差异，适时进行“南北休耕轮作”，显著减少抗性虫源，降低抗性选择压力。目前广东境内 500 亩（亩为废弃单位，1 亩≈ 1/15 公顷≈ 666.67 米 ^{2}）以上的供港蔬菜基地有 400 多个，超过 90% 的菜场应用该技术方案。

图 1–4　合理布局

（三）以物理防治为主的区域治理防控技术体系

针对高端蔬菜生产区域，采用以物理防治为主的区域治理防控技术：推广小菜蛾成虫电击捕杀新技术（图 1–5）、黑光灯诱杀小菜蛾成虫、性信息素及诱捕器田间使用技术（图 1-6）、小菜蛾成虫驱避剂等配套技术，有效控制小菜蛾的种群数量。

图 1-5　成虫电击捕杀车

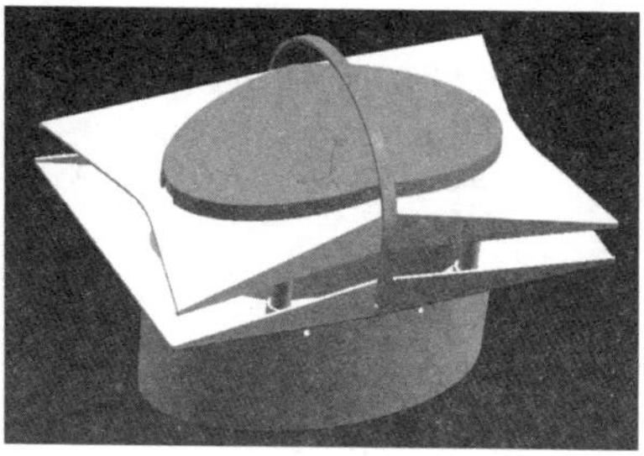

图 1-6　诱捕器

（四）以合理用药技术为核心的防控技术体系

针对城市郊区散户种植模式，采用以合理用药技术为核心的防控技术：根据小菜蛾对药剂抗药性有季节性和区域性差异的特点，通过抗性监测制定科学、合理的轮换用药方案，有效控制小菜蛾的为害并延缓其抗药性的产生（图 1-7）。

注意事项：

（1）为了延缓抗药性的产生，每一造菜每类杀虫剂连续使用不宜超过 2 次，可与其他不同类型的杀虫剂轮换使用，收获前 7 天停止使用。

（2）珠江三角洲、桂南区和海南省的 6—9 月最好实行轮作或休耕，以中断小菜蛾寄主，减少田间种群数量。

（3）当监测到小菜蛾对某一药剂的抗药性程度达到高抗时，即停止或慎用该药剂。

（4）建议阿维菌素和高效氯氰菊酯在华南地区和西南地区停止使用。

（5）严禁使用的高剧毒、高残留农药（见附录）。

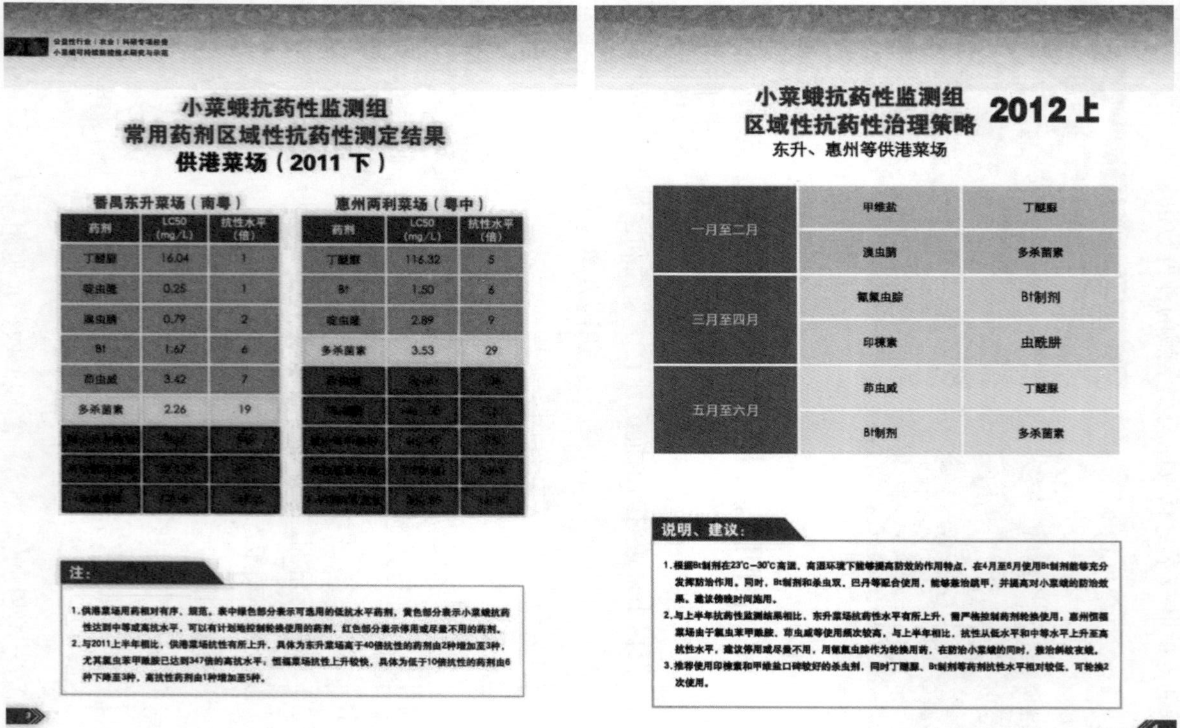

图 1-7　抗药性监测与抗药性治理策略

第二章

黄曲条跳甲

黄曲条跳甲属鞘翅目 Coleoptera，叶甲科 Chrysomelidae，英文名Striped flea beetle，学名*Phyllotreta striolata*（Fabricius），别名狗虱虫、跳虱等。

一种世界性重要害虫，分布于亚洲、欧洲、北美洲的 50 多个国家和地区，我国各省市均有分布，尤以秦岭、淮河以北的冬油菜区和青海、内蒙古等的春油菜区发生严重。

黄曲条跳甲可为害多种植物，以菜心、白菜、甘蓝、萝卜、芜菁、油菜等十字花科植物为主，并对某些特定十字花科植物表现出明显的偏向性。近年来，随着十字花科植物种植模式的调整及栽培面积的扩大，黄曲条跳甲危害越来越严重。据报道，黄曲条跳甲在南方部分地区已取代小菜蛾（*Plutella xylostella*），成为十字花科蔬菜生产上的头号害虫。

一、为 害 特 点

成虫羽化出土为害，喜聚集取食叶片的幼嫩部位，幼苗期为害最为严重，常造成毁苗现象。幼虫生活在土壤中，啃食菜根、蛀食根皮或咬断根茎，使植株萎蔫枯死，并可传播根部软腐病；对根茎类寄主植物，如萝卜，幼虫多啃食表皮或钻入浅层取食，造成果实表面形成不规则疤痕，影响品质，严重的变黑甚至整个腐烂，造成绝收。

二、形 态 特 征

黄曲条跳甲有卵、幼虫、蛹和成虫 4 种虫态。

1. 卵

为椭圆形，长约 0.3 毫米，淡黄色至乳白色（插页图 5）。

2. 幼虫

分 3 龄。1 龄幼虫身体半透明，呈乳白色，头部黑色，长 0.5~1 毫米；2 龄幼虫 1.5~2.5 毫米；3 龄幼虫 3~4 毫米，乳白色或黄白色（插页图 6）。头部、前胸背板及腹末呈淡紫色。老熟幼虫呈长圆筒形，尾端稍细。各体节有不显著的肉瘤，生有细毛。

3. 蛹

长约 2 毫米，椭圆色，乳白色，腹部有一对叉状突起（插页图 7）。

4. 成虫

体长 1.8~2.4 毫米，椭圆形，黑色有光泽，触角丝状（插页图 8）。鞘翅上有两条黄色纵斑，中部狭窄弯曲，仅为翅宽的 1/3，两端大。头、前胸背板、触角基部为黑色。前胸背板及鞘翅上有许多刻点，排成纵行。后足腿节膨大，适于跳跃。

三、生活习性

黄曲条跳甲成虫善跳跃，中午前后活动最为活跃，具趋光性，对黑光黄色及灯敏感，产卵期可长达 1 个月。单雌产卵量平均 200 粒左右，卵孵化的相对湿度在 80% 以上。成虫在田间产卵时偏向于旁边有水源的田块，产于植株周围湿润土隙中或细根上。幼虫和蛹均生活在土壤中，生活环境相对稳定，幼虫不转株为害。3 龄幼虫一般在寄主植物根部土中 3~7 厘米处化蛹。卵期 3~9 天，幼虫期 11~16 天，最长 20 天。研究表明，黄曲条跳甲成虫的寿命和产卵习性，影响了其幼虫、蛹及成虫在田间的分布特性。卵在田间的空间分布符合负二项分布，空间图式为聚集型，其基本成分是个体群；但幼虫、蛹和成虫的空间分布、空间图式及其基本成分除了符合负二项分布，还符合奈曼分布。

四、发生规律

黄曲条跳甲发生世代随纬度增高而减少。总体趋势是台湾及海南一年发生 11 代，华南地区一年发生 7~8 代，华中地区一年发生 5~7 代，华东地区一年发生 4~6 代，华北地区一年发生 4~5 代。该虫喜高温中湿，一般适温范围 21~30℃，空气湿度 80% 左右，危害最严重，反之成虫数量明显减少。因此，一般春季南方受害比北方严重。

长江以北，黄曲条跳甲以成虫越冬。越冬场所一般在田间、沟边的落叶、杂草及土缝中，越冬期间如气温回升 10℃以上，仍能出土为害。北方春季气候干燥多风，不利于成虫活动，卵孵化率低，田间数量较少。每年的 5—8 月是全年发生高峰，此时气温较高，有利于各虫态的发育，田间数量增多，危害加重。长江以南，无越冬。在广东、福建等南方地区，冬季温度较高，湿度适宜，有利于卵的孵化，田间种数量高，世代重叠现象严重。一年中有 2 个危害高峰期，即春季（4 月上旬至 5 月下旬）和秋、冬季（9—11 月），且春季危害重于秋季，6—8 月由于盛夏高温发生危害较轻。持续阴雨或短期大暴雨是影响成虫田间数量的主要因素之一。

耕作制度是影响黄曲条跳甲猖獗发生的另一个重要因素。十字花科蔬菜种植模式改变和栽培面积的扩大，为黄曲条跳甲的发生提供了丰富的食物来源。黄曲条跳甲成虫具有迁移为害的特点，对寄主植物的危害常与其生长期密切相关。在十字花科蔬菜田间的扩散和寄主品种具有相关性，成虫更偏向于往小白菜和菜心田迁移扩散和产卵。广州地区黄曲条跳甲盛发季节成虫在一造菜上的消长动态如图 2-1 所示。

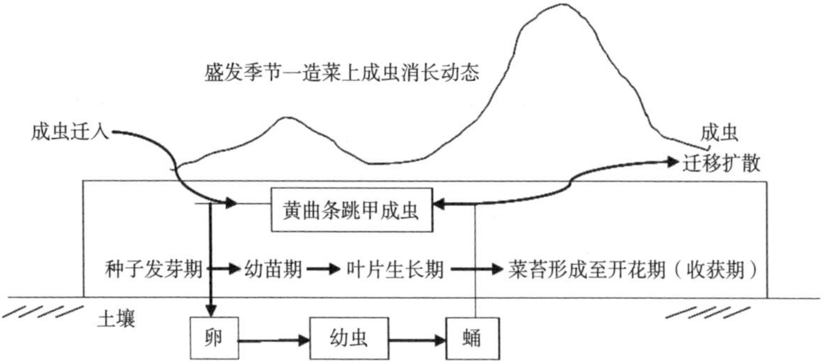

图 2-1　一造菜上黄曲条跳甲种群发生动态示意

五、抗　药　性

自 20 世纪 50—60 年代以来，黄曲条跳甲的防治长期依赖化学农药。研究表明，黄曲条跳甲特有的生物学特性、蔬菜种植结构调整及防治手段单一等是其泛滥成灾主要原因。成虫善跳跃，可以躲避杀虫剂，鞘翅外壳一定程度影响了药剂的附着和渗透，影响药效。田间长期以来偏向于仅防治成虫，忽略了土壤中幼虫、蛹和卵的防治，造成了黄曲条跳甲"打不尽"的表象。近年来，随着人们生活水平的提高，对食品安全问题的重视，逐渐禁止了大部分毒性较高的有机磷类及氨基甲酸酯类杀虫剂在蔬菜上的使用，一定程度加重了黄曲条跳甲的危害，防治压力越来越大。

国内外对黄曲条跳甲抗药性的研究不多。国外在种群监测、大面积轮作、昆虫天敌工厂化繁育及应用、大范围内的综合治理等方面有着优势，防治技术和规范较为统一化和标准化。国内虽然不少学者都不断提及敏感性下降或抗药性问题，但该虫室内饲养时幼虫阶段技术不成熟，难以建立室内敏感种群，涉及具体药剂的抗药性监测报道不多。国内最早应用敌百虫、氯化钡等化学药剂防治黄曲条跳甲。1963 年，浙江杭州地区报道了黄曲条跳甲对 DDT 产生了抗药性。20 世纪 70—80 年代，黄曲条跳甲的研究报道较少。随后，出现一些黄曲条跳甲对有机磷、拟除虫菊酯类、沙蚕毒素类等杀虫剂产生抗药性的报道，并发现黄曲条跳甲对拟除虫菊酯类抗性最强，有机磷类次之。近年来，啶虫脒、哒螨灵等也出现防效下降的现象。国内关于黄曲条跳甲抗药性机理研究不多，近年来才有对毒死蜱抗性相关的酯酶基因和乙酰胆碱酯酶基因克隆与测序报道。

影响黄曲条跳甲抗药性产生的因素繁多，与以下几个方面关系密切：

（1）种植模式。种植模式与黄曲条跳甲生长繁殖所需的食物来源密切相关。近年来，南方地区十字花科蔬菜种植规模不断扩大，连年连片单一种植十字花科蔬菜，给黄曲条跳甲的连续转移危害提供了条件。黄曲条跳甲成虫寿命长，产卵量大，偏暖中湿的亚热带气候，有利于土壤中卵的孵化，幼虫和蛹的成活率高，使得田间世代重叠严重，田间虫口密度长期处于较高状态，给防治带来了较大压力。黄曲条跳甲成虫能在相邻田块间迁移危害，也能作远距离迁飞，一定程度加重了抗药性的扩散。

（2）用药策略。据调查，大部分菜农偏向于防治黄曲条跳甲成虫，无法精准把握幼虫和成虫的防治适期、防治药剂及防治措施，从而导致化学防治效果大幅降低。常规的叶片喷施杀虫剂，仅对地上部分成虫有效，对土壤中的卵、幼虫和蛹控制作用弱，地下蛹仍能不断羽化出成虫出土危害，不得不增加施药次数和加大药量。田间滥用、随意混用农药现象普遍，致使其抗性水平不断升高。现阶段，田间常用黄曲条跳甲防治药剂，如啶虫脒、哒螨灵、吡虫啉、巴丹、杀虫双、敌敌畏、高效氯氰菊酯、毒死蜱、丁硫克百威等，由于抗药性的产生，均出现药效下降的现象。

（3）防治观念。黄曲条跳甲危害的特殊性在于成虫、幼虫均可为害，但幼虫藏在土壤中，长期以来，农户只打地面上看得见的成虫，忽视了土壤中的幼虫，没有防治幼虫的概念。随着研究的深入，越来越多学者认同黄曲条跳甲的防治需要建立成虫和幼虫共同防治体系。有研究表明，幼虫的防治适期是田间成虫高峰 13~16 天后，若采用浇淋、灌根等土壤处理能大幅降低后期成虫的防治压力。

综上所述，黄曲条跳甲为害逐年加重，迫切需要从生产实际出发，对黄曲条跳甲防控关键技术、抗药性治理及新药剂研发等进行研究，并优化集成一套长期有效、绿色可持续的防控体系，全面提升蔬菜黄曲条跳甲的防控水平。

六、综合防控技术

针对黄曲条跳甲危害的严重性，国内外在杀虫剂、植物保护剂和植物提取物开发、抗虫品种筛选、物理防治及寄生性天敌等方面进行了大量研究。研究内容涵盖了农业防治、生物防治、物理防治和化学防治各方面，遵循“预防为主，综合防治”的植保方针。

（一）农业防治

（1）田园清洁、消毒等。收获一茬菜后，及时铲除田间沟边杂草，及时清理田间地头的遗留菜头和老叶片，避免成虫过渡危害下一茬菜或增加土壤中的落卵量。

（2）休耕、轮作、晒田等农事措施。播种前深耕晒田、翻晒或泡田等措施可恶化卵、幼虫、蛹的生存环境，显著降低种群基数。根据需求撒施适量草木灰或石灰，降低后期成虫的防治压力。在生产基地条件许可的情况下，采取水旱轮作或休耕，破坏黄曲条跳甲的生存环境和食物链，降低虫口基数。近年来，南方地区普遍采用

夏季休耕的方法，在每年5—9月停止种植十字花科蔬菜，改种水稻、玉米等作物，能显著降低秋季头茬菜的防治压力。

（二）物理防治

研究表明，黄色和白色对黄曲条跳甲成虫有明显的引诱作用，生产上常将黄板和取食刺激物（如烯丙基异硫氰酸酯）结合，用作蔬菜田黄曲条跳甲种群动态的监测工具，也可有效降低田间种群密度，达到防治目的。火烧土壤、防虫网等也是可以有效降低土壤中卵、幼虫和蛹的数量，是防治黄曲条跳甲田间迁移为害的有效措施。

（三）生物防治

20世纪50年代以来，已发现并记载的黄曲条跳甲天敌主要集中在茧蜂类、蟎类和昆虫病原线虫等10余个种类，但未建立起有效的防治方法。我国关于黄曲条跳甲的生物防治研究集中在昆虫病原线虫和真菌的利用上。研究表明，斯氏线虫（*Steinernema carpocapsae*）对土壤中黄曲条跳甲幼虫具有较好的控制作用。白僵菌、绿僵菌及联苯菊酯对黄曲条跳甲的防治效果与斯氏线虫相比，效果更佳。

利用植物次生物质防治黄曲条跳甲也是生物防治中的研究热点。研究表明茄子、番茄、马樱丹、鱼藤酮等各种植物的提取物对黄曲条跳甲具有拒食、杀卵或杀幼虫的活性。但相对于化学制剂，植物次生物质的提取成本较高，应用条件比较严格，在生产上有待于进一步的研究推广。

（四）化学防治

黄曲条跳甲暴发期，化学防治仍然是有效防治跳甲的最主要手段。要抓住防治黄曲条跳甲的最佳时机。重点抓好一茬菜的苗期至植株封行前，或一年中的 2 月上旬至 3 月中旬，9 月上旬至 10 月中旬这些防治关键期施药防治。

在防治黄曲条跳甲时，需要将成虫防治和幼虫防治结合起来。防治幼虫时，以保苗为重点。在播种时期用土壤处理防治幼虫和蛹，或在一茬菜成虫高峰期后 13~16 天幼虫孵化高峰期用浇淋、灌根等土壤处理或撒施颗粒剂；黄曲条跳甲防治要科学、合理选用药剂，避免随意提高用药浓度，增加施药频次。防治幼虫可选药剂有：乙基多杀菌素、Bt 制剂、辛硫磷等。

防治成虫时，宜在早晨和傍晚喷药，注意苗期成虫迁入高峰期和幼虫孵化高峰期。在施药时针对成虫善跳跃的特性，采用由田块四周逐渐向内喷施的策略。防治成虫可选药剂有：敌敌畏、仲丁威、鱼藤酮、啶虫脒、溴虫腈、杀虫单等。

（五）种子丸粒化包衣结合物理防虫网

广东省农业科学院植物保护研究所研究发现，种子丸粒化包衣技术可在苗期有效控制黄曲条跳甲成虫和幼虫的危害，合适的布置物理防虫网可有效地阻止外来虫源的入侵。种子丸粒化包衣结合物理防虫网可持续降低菜地里黄曲条跳甲的种群数量，形成良性循环，理论上可实现菜地里黄曲条跳甲的零种群，达到绿色防控黄曲条跳甲种群为害、保障十字花科蔬菜安全生产的目的。

第三章

蓟　马

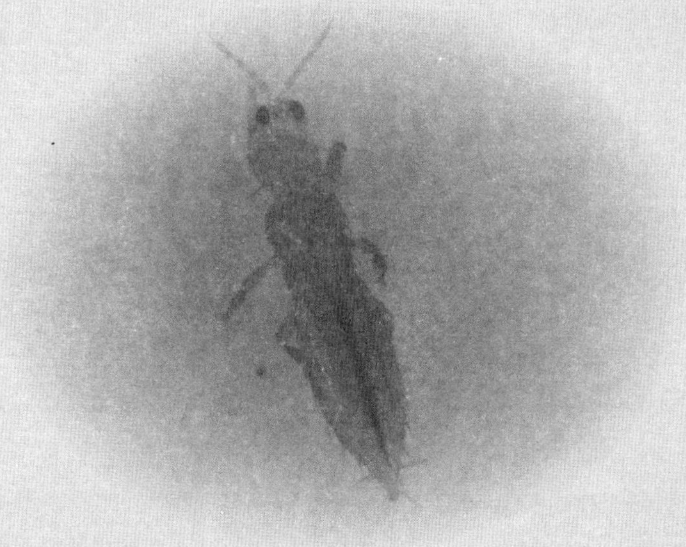

蓟马是为害蔬菜生产的缨翅目蓟马科害虫的总称，主要包括棕榈蓟马（*Thrips palmi*）、西花蓟马（*Frankliniella occidentalis*）、葱蓟马（*Thrips tabaci*）等。蓟马是杂食性害虫，可为害茄子、辣椒、番茄、黄瓜、节瓜、冬瓜、西瓜、苦瓜、菜豆、豇豆、黄秋葵、菠菜、枸杞、苋菜等茄科、葫芦科、豆科及叶菜类蔬菜。

目前蓟马已成为蔬菜生产上的重要害虫之一，其为害给农业生产造成了大量的损失，严重时造成蔬菜大面积枯死。

一、为 害 特 点

蓟马的危害一是用锉吸式口器取食植物的茎、叶、花、果，导致花瓣褪色、叶片皱缩，花受害后凋落不结果，幼果受害后黄化脱落或表皮粗糙，大果实受害后表皮粗糙呈现锈褐色疤痕，生长缓慢、瘦小畸形甚至脱落，造成产量和品质下降；二是传毒为害，棕榈蓟马可以传播番茄斑萎病毒（Tomato spotted wilt virus，TSWV）、花生芽坏死病毒（Groundnut bud necrosis virus，GBNV）、花生黄斑病毒（Peanut yellow spot virus，PYSV）、西瓜银色斑驳病毒（Watermelon silver mottle virus，WSMoV）、甜瓜黄斑病毒（Melon yellow spot virus，MYSV）、辣椒褪绿病毒（Capsicum chlorosis virus，CaCV）等斑萎病毒，西花蓟马主要传播番茄斑点萎蔫病毒（Tomato spotted wilt virus，TSWV）和凤仙花坏死斑病毒（Impatiens necrotic spot virus，INSV），葱蓟马主要传播烟草条纹病毒（Tobacco streak virus，TSV）、番茄斑萎病毒（TSWV）和鸢尾花环斑病毒（Iris yellow spot virus，IYSV）。

二、形态特征

（一）棕榈蓟马

1. 卵

长约 0.2 毫米，长椭圆形，位于幼嫩组织内，可见白色针点状卵痕，初产时为白色，透明，卵孵化后，卵痕为黄褐色。

2. 若虫

初孵若虫极微细，体白色，复眼红色（插页图 9）。1、2 龄若虫淡黄色，无翅芽，无单眼，有 1 对红色复眼，爬行迅速；3 龄若虫也称伪预蛹，体淡黄白色，无单眼，长出翅芽，长度到达 3、4 腹节，触角向前伸展；4 龄若虫也称伪蛹，体黄色，单眼 3 个，翅芽较长，伸达腹部的 3/5，触角沿身体向后伸展，不取食。

3. 成虫

雌成虫体长 1~1.1 毫米，雄虫 0.8~0.9 毫米，体色金黄色（插页图 10）。头近方形，触角 7 节，单眼 3 只，红色，呈三角形排列，单眼间鬃位于单眼连线的外缘。翅 2 对，翅周围有细长的缘毛，前翅上脉鬃 10 根，下脉鬃 11 根。腹部扁长，体鬃较暗，前胸后缘鬃 6 根，中央 2 根较长。后胸盾片网状纹中有一明显的钟形感觉器。第 8 腹节后缘栉毛完整。与常见的花蓟马、葱蓟马、豆蓟马的区别在于单眼间刚毛位置在单眼间两侧，触角第 3、第 4 节颜色黄，个体明显偏小。

（二）西花蓟马

1. 卵

肾形，白色，长 0.25 毫米。

2. 若虫

有 2 个龄期。若虫孵化后即开始取食，初孵若虫体白色（插页图 11），蜕皮前变为黄色；2 龄若虫蜡黄色（插页图 12），非常活跃，取食量为 1 龄若虫的 3 倍，接近成熟时表现负趋光性，离开植物入土。

3. 蛹

分为预蛹和蛹，预蛹翅芽短，触角前伸，蛹的翅芽长，长度超过腹部一半，几乎达腹末端，触角向头后弯曲。若虫在土壤 1~5 厘米处化蛹，预蛹和蛹均不取食，几乎不动，受惊扰后会缓慢挪动。预蛹和蛹也可在土表面、枯枝落叶或在 7~10 厘米裂缝中发现。

4. 成虫

成虫细小，平均体长 1.5 毫米。翅窄，翅前缘缨毛显著短于后缘缨毛（插页图 13）。能飞、善跳，能借助气流作短距离迁移，体色从淡黄色至褐色，触角 8 节。

（三）葱蓟马

1. 卵

长 0.2 毫米左右，肾脏形，但随着胚的发育变成卵圆形。

2. 若虫

复眼红色，前胸背板淡褐色，足灰色。胸腹部各节生有褐色微小的毛片。触角 6 节，第 3 节有皱纹。

3. 成虫

体长 1~1.2 毫米，翅展 1.8 毫米，黄白色或褐色（插页图 14）。表皮光滑，复眼红色。触角第 3 节，黄褐色，但每节基部色浅，特别是第 3 细节长若柄。前胸背板上面有稀疏的细毛。1 对翅狭长透明，翅脉黑色，边缘有很多长而整齐的缘毛，在后缘接近后角各有 2 根粗而长的刚毛。足与体色相似，第 2 跗节显著比第 1 跗节长。

后足胫节内缘有刺。

三、生活习性

1. 棕榈蓟马

雌虫寿命较长，每雌虫产卵约 60 粒。卵散产于植株的嫩梢、嫩叶、幼果等幼嫩组织中。1、2 龄若虫喜欢躲在植株幼嫩部位的背光面爬行取食，行动十分活跃。3 龄若虫（预蛹）停止取食，行动缓慢，落入表土（3~5 厘米的土层）化蛹。4 龄若虫（蛹）在土中不食不动。成虫具有强烈的趋光性和嗜蓝色特性，一般在土中羽化后向上移动，多在花内、内膛叶片或叶背活动。成虫能飞善跳，自身具有扩散能力，可潜藏于寄主植物的囊状体或裂缝缝隙中随果实、植物繁殖材料作长距离扩散，也可借助气流作远距离迁飞。棕榈蓟马的生殖方式有两性生殖和孤雌生殖两种。

2. 西花蓟马

产卵器可在茎、叶、芽、花瓣或果实上切口，将 1 粒卵产入其中，其中叶片上的卵多产于叶脉或叶毛下面，湿度较高时利于卵的孵化，雌虫一生可产卵 150~300 粒。若虫孵化后即开始取食，在植物表面快速爬行和跳跃，2 龄若虫在接近成熟时有负趋光性，离开植株入土化蛹。成虫行动敏捷，具有群集习性，喜欢在花中栖息，取食花粉和花蜜。在黄瓜花上，西花蓟马的聚集从早上太阳初升时开始，中午达到最大值，午后虫量开始减少，晚上数量最少，黄瓜雌花上的成虫量高于雄花。西花蓟马营两性生殖和孤雌产雄生殖，受精卵发育成雌虫，未受精卵发育成雄虫。

3. 葱蓟马

在我国各地发生代数差异较大，世代重叠，华南地区一年发生 20 代左右，华北地区一年发生 3~10 代。在北方成虫、若虫、前蛹和蛹等均可越冬，在南方无越冬现象。葱蓟马主要进行孤雌产雌生殖，种群中雌虫多，雄虫极为少见。产卵方式同西花蓟马一样将卵产于叶片、茎或叶鞘的组织内部。初孵幼虫活动性差，在原孵化处取食，群集为害，多集中在葱叶基部或葱叶内部，长大后分散。2龄幼虫活动性增强，取食能力增大。2 龄若虫老熟后在叶鞘内或浅表土活动，蜕皮 1 次后发育成预蛹，再蜕皮 1 次发育成蛹，蛹期 3~4 天。成虫善飞，可借助风力远距离传播，早晚、阴天或夜间出来活动为害，晴天多躲藏在叶背或叶鞘缝隙内。

四、发 生 规 律

1. 棕榈蓟马

发育适宜温度 15~32℃，32℃下发育历期约 10 天，28℃下发育历期约 13 天。在南方棕榈蓟马可周年繁殖，一年发生 20 代以上；其他地区冬季露地条件下不能存活，保护地蔬菜上可常年危害，如胶东地区露地蔬菜 7—9 月为为害盛期。干旱条件有利于加重棕榈蓟马对植株的危害，暴雨可减轻为害，夏季的台风暴雨对棕榈蓟马的田间种群影响较大。适宜条件下（如高温夏季）30~60 天内种群数量可成倍增长。不同栽培方式对棕榈蓟马的种群增长影响也较大，设施栽培条件下棕榈蓟马的种群密度大于露地栽培，如设施栽培茄子上的种群增长率明显大于露地的栽培。天敌、化学药剂等因素也会对棕榈蓟马的种群有较大的影响。

2. 西花蓟马

对温度的适应性强，若虫和成虫的过冷却点为 13℃和 22℃，成虫耐低温的能力更强。在我国各地均有发生，其中华南地区一年发生 24~26 代，华中地区一年发生 16~18 代，华北地区一年发生 13~14 代，东北地区一年发生 1~4 代，西南地区的昆明市和丽江市一年发生分别是 13~15 代和 8~10 代。

3. 葱蓟马

发生适宜温度为 23~28 ℃、相对湿度为 40%~70%；高温、高湿不利于其发育，湿度过大不能存活，当相对湿度达到 100%、温度达 31 ℃时，若虫全部死亡。在雨季，如果连阴雨，葱的叶腋间积水，能导致若虫死亡。温暖干旱季节，葱蓟马 2~3 周即可繁殖 1 代，常会导致种群数量快速上升，造成严重为害。葱蓟马的体色和大小与所处的外界环境温度相关，若虫期所受外界环境温度决定了成虫的个体大小，温度越低发育的成虫个体越大；蛹期所受外界环境温度决定了成虫的体色，温度越低，发育的成虫体色越深。

五、抗　药　性

目前为止，世界上部分地区棕榈蓟马种群已经对有机磷类、氨基甲酸酯类、烟碱类和拟除虫菊酯类杀虫剂产生了抗药性。山东省德州市十字花科蔬菜棕榈蓟马对阿维菌素、吡虫啉、啶虫脒、高效氯氰菊酯和三氟氯氰菊酯 5 种药剂均产生了抗药性。山东省寿光地区的棕榈蓟马对多杀霉素、甲氨基阿维菌素苯甲酸盐、吡虫啉和吡蚜酮产生了 6.99~10.83 倍的低水平抗药性。

西花蓟马已对多种杀虫剂产生了抗药性。目前，西花蓟马已对毒死蜱、甲胺磷、二嗪磷、乙酰甲胺磷、乐果、马拉硫磷、敌敌畏和扑杀磷等有机磷类杀虫剂，灭多威、甲硫威、丁硫克百威等氨基甲酸酯类，高效氯氰菊酯、联苯菊酯、溴氰菊酯、氟胺氰菊酯等拟除虫菊酯类杀虫剂，阿维菌素、多杀菌素等生物源农药及噻虫嗪、吡虫啉等新烟碱类杀虫剂均产生了较高水平的抗药性。

葱蓟马个体小，隐蔽性强，地上、地下都有其虫态，为其抗药性的产生提供了有利条件。目前葱蓟马已对拟除虫菊酯类杀虫剂产生了抗药性。

六、综合防控技术

（一）农业防治

1. 培育无虫苗

净土、净肥、净场地。育苗时选择虫源少的地块，选用无虫土和无虫肥，育苗期间苗床用塑料薄膜隔离，阻挡外来蓟马进入苗床。

2. 科学合理管理田间

适时栽培，避开蓟马发生高峰期。采用银灰色地膜覆盖技术，灌溉时浇适量水于畦面上可阻挡若虫入土化蛹。采用喷灌技术也可适当减少蓟马的发生和为害。

（二）生物防治

蓟马天敌很多，生物防治是欧美国家防治蓟马的重要方法。在蓟马发生早期，可释放胡瓜新小绥螨、小花蝽等捕食性天敌对其进行防治。虫生真菌如蜡蚧轮枝菌等也可有效防控蓟马类害虫。

（三）物理防治

利用蓟马趋蓝色的习性，在田间悬挂蓝色诱集带或粘虫板诱集成虫，时间越早越好，最好从苗期移栽开始使用，既可用于蓟马类害虫的预测预报，也可作为早期控制。除蓝色粘虫板外，黄色粘虫板也有良好的诱集效果。

（四）化学防治

1. 土壤处理

幼苗移栽前用 18% 杀虫双水剂 500 毫升配制 20 千克毒土，均匀撒于根际周围土表，对于落地若虫有良好的防控效果。

2. 生长期防治

（1）灌根法：幼苗定植后可用内吸性杀虫剂 25% 噻虫嗪可湿性粉剂 3 000 倍液，每株 30~50 毫升灌根，对蓟马有良好的预防和控制效果。

（2）喷雾法：可选用多杀菌素、乙基多杀菌素、吡虫啉、啶虫脒、杀虫单、阿维菌素、高效氯氰菊酯、噻虫嗪等药剂喷雾，各种药剂轮换使用，每隔 5~7 天用药 1 次，连续用 3~4 次，当虫口密度大时，可将两种不同类型药剂混用。

（3）烟熏法：保护地内蓟马发生数量大时，可选用敌敌畏或异丙威，在傍晚收工时将棚室密闭，把烟剂分成几份点燃烟熏。

第四章
甜菜夜蛾

甜菜夜蛾属鳞翅目，夜蛾科，英文名 Beet armyworm，学名 *Spodoptera exigua* Hübner，别名贪夜蛾、白菜褐夜蛾，是一种世界性重要害虫，具有食性杂、寄主广、抗药性强、破坏力大等特点。

甜菜夜蛾起源于南亚地区，在热带和亚热带常年危害，无滞育期。近几十年一直是美国蔬菜、棉花等作物上的重要害虫，爆发频繁、危害重大。20 世纪 80 年代中后期，随着我国蔬菜种植面积、气候等因素的变化，甜菜夜蛾逐步发展成为蔬菜种植的重要害虫之一。目前，甜菜夜蛾在我国发生范围已遍布全国 20 多个省区。甜菜夜蛾幼虫可取食 35 科 138 种植物，其中以甜菜、玉米、红薯、芝麻、白菜、苜蓿等受害最重。甜菜夜蛾对不同寄主表现出一定的偏嗜性，1~3 龄幼虫常利用旋花科、苋科、藜科等杂草作为“桥梁寄主”，4~5 龄过渡到蔬菜、棉花等作物上取食。

一、为 害 特 点

以幼虫为害，1~2 龄幼虫群聚在叶片，啃食叶肉，形成仅剩表皮的透明小孔。3 龄后分散为害，4~5 龄进入暴食期，取食量暴增，可占全幼虫期的 80%~90%。严重为害时，可将整株叶片咬食殆尽，只剩叶脉和叶柄。幼虫还可蛀食青椒、番茄果实、棉花苞叶和蕾铃，造成烂果和落果。

二、形 态 特 征

1. 卵

卵呈圆馒头形，块状，白色，表面有白色绒毛，刚产时为无色，接近孵化时呈浅灰色。产于叶背或叶面，8~100 粒一块，排为 1~3 层。

2. 幼虫

一般分为 5 个龄期。老熟幼虫体长 22 毫米，体色变化很大，有绿色、暗绿色、黄褐色、黑褐色等（插页图 15）。突出特征是腹部体侧气门下线为明显的黄白色纵带，有时呈粉红色，纵带末端直达腹部末端，各气门后上方具有明显的白点。幼虫具有假死性和自相残杀的特性，老熟幼虫掉落土中吐丝化蛹。

3. 蛹

纺锤形，体长 10~13 毫米，一般在土表层 0.5~3 厘米处化蛹，也可在土表及植株基部隐蔽处化蛹。初化蛹时乳白透亮色，然后颜色逐步加深至黄褐色。气门线明显，中胸气门显著外突，臀刺上有刚毛 2 根，其腹面基部也有 2 根短刚毛。

4. 成虫

体灰褐色，体长 10~12 毫米，翅展 19~24 毫米。前翅灰褐色，中央近前缘外方有肾形斑 1 个，内方有圆形斑 1 个。后翅银白色，翅脉及缘线黑褐色。

三、生 活 习 性

甜菜夜蛾喜高温，无滞育特性，属于避冻型昆虫，在热带和亚热带地区可全年繁殖。甜菜夜蛾是否有越冬现象在学术界一直存有争议，尚有待有力的证据阐明。近年来，有学者利用 Climex 和 ArcGis 软件预测并通过实验验证，提出甜菜夜蛾在中国越冬区的南界位于北回归线附近（北纬 23.5°），北界位于长江流域（北纬 30°）。

甜菜夜蛾低龄幼虫群集为害，3 龄后分散为害。幼虫具有假死性，密度过大时，会自相残杀。幼虫期 14~16 天。甜菜夜蛾成虫昼伏夜出，具趋光性。早上 5:00—7:00 是交配高峰期，白天潜伏于土缝、杂草丛及植物茎叶浓密处，傍晚开始活动，18:00—20:00最为活跃，7:00—11:00为产卵高峰期。成虫寿命6~10天，产卵期4~6天，卵孵化一般需2~3天，单雌产卵量100~600粒，最多可达1 800粒。成虫有补充营养的习性，对黑光灯和糖醋液的趋性强。成虫产卵量与幼虫期食物及成虫期补充营养密切相关，幼虫期营养是雌蛾潜在繁殖力的基础，成虫期补充营养可将潜在繁殖力转化为现实繁殖力。

四、发 生 规 律

在我国，随纬度的升高，甜菜夜蛾一年发生代数逐渐减少。从南到北，台湾一年发生11代，广东一年发生10~11代，福建一年发生8代，上海、湖南、安徽一年发生5~6代，山东、江苏北部一年发生5代，黄河中下游一年发生4~5代。受气候条件、耕作制度等因素的影响。甜菜夜蛾在我国不同地区的主要危害时期不同。在河南、河北、北京等地区，每年7—8月为害最严重。在上海，每年8—10月危害最严重。在南方地区，每年5—8月危害最严重。各虫态对高温的抵抗力较强。各地1~2世代较明显，以后则世代重叠严重。影响甜菜夜蛾发生为害的因子主要有以下几个方面：

1. 气象因素

气象因素是影响甜菜夜蛾发生的重要因子，异常气候条件是造成甜菜夜蛾暴发的主要原因。冬季温度偏暖或夏季温度偏高皆利于甜菜夜蛾的发生。温度是影响甜菜夜蛾生长发育的关键因素，在20~32℃的温度范围内甜菜夜蛾发育速率随着温度的升高而加快；26℃最适合甜菜夜蛾交配，平均产卵量最高。在37℃的高温下，甜菜夜蛾仍能正常发育，但成虫寿命、产卵前期和产卵期均缩短。此外温度对甜菜夜蛾的影响还体现在信息素分泌、飞行能力、生殖行为、交配节律和生殖力等方面。

湿度对甜菜夜蛾的影响也很大。适宜温度配合适宜湿度有助于种群的增长。研究表明 26℃与相对湿度 80%~94% 最适宜甜菜夜蛾的生长发育，32℃与 94% 的湿度条件下甜菜夜蛾的内禀增长最大。同一温度下，甜菜夜蛾幼虫体长的增长率和产卵量湿度变化而变化。统计历年气象资料表明，凡夏季总降雨量少于往年，并有 2 个月或 3 个月的降雨少于常年的年份，甜菜夜蛾偏重发生的可能性增大。夏季多雨是甜菜夜蛾轻发生的主要原因，一是因为多雨不利于土壤中蛹的存活和正常羽化，雨天幼虫取食带水叶片后，成活率显著下降；二是多雨利于白僵菌的繁衍，大幅提高甜菜夜蛾的被寄生率。

2. 耕作制度与栽培管理

近年来，随着种植结构的调整，甘蓝、菜心、香菇菜等甜菜夜蛾偏好性寄主的种植面积不断扩大，复种指数高，为该虫的整个生育期提供了丰富的食料和繁殖条件，田间发生量大、世代重叠严重，增加了防治难度。另外，北方设施蔬菜种植的发展，为这些地区越冬困难的甜菜夜蛾提供了适宜的越冬场所，导致来年虫源基数偏大。而田间农作物偏施氮肥、枝叶繁密、通风条件差、复种指数高，都是利于甜菜夜蛾繁育的条件。这也是近年来甜菜夜蛾暴发成灾的重要因素。

3. 迁飞习性及落后的监测措施

甜菜夜蛾是一种远距离迁飞性害虫。初夏时节，黑光诱虫灯下诱蛾量数倍甚至数百倍突增是外地虫源迁入的信号。迁入甜菜夜蛾进行交尾、产卵，由于甜菜夜蛾前期为害具有隐蔽性，通常是看到作物受害时才开始进行防治，此时幼虫虫龄过大，抗药性较强，防治难度较大。因此，急需改善落后的监测措施，在甜菜夜蛾暴发前能有效控制住。

五、抗　药　性

目前甜菜夜蛾的防治主要以化学防治为主，过量、频繁使用杀虫剂使得甜菜夜蛾的抗药性迅速增加。甜菜夜蛾对杀虫剂的抗药性水平因杀虫剂种类及使用频次、剂量等均有关。

国外关于甜菜夜蛾抗药性的研究开始较早。1975 年在美国亚利桑那州就有甜菜夜蛾对灭多威产生了抗药性的报道，随后墨西哥、法国、日本、泰国等也先后报道了甜菜夜蛾对溴氰菊酯、氰戊菊酯、灭多威、氯氰菊酯、毒死蜱等多种杀虫剂的抗药性，有的高达上万倍。国内甜菜夜蛾抗药性的产生时间稍晚于国外。目前国内甜菜夜蛾对有机磷、有机氯、氨基甲酸酯、拟除虫菊酯等常规杀虫剂均产生了较高水平的抗药性，多数杀虫剂对该虫的防治效果已大不如前。

六、综合防控技术

长期以来，防治甜菜夜蛾主要依靠化学药剂，不科学合理用药是产生抗药性的根本原因。因此，甜菜夜蛾的抗药性治理应将化学防治与物理防治、生物防治、农业防治等各种非化学防治结合起来，尽量减少化学药剂的使用量和使用次数，降低化学药剂对甜菜夜蛾的选择压，延缓甜菜夜蛾对化学药剂的抗药性。

（一）加强预测预报，明确防治指标

甜菜夜蛾具有远距离迁飞习性，必须做好虫源迁入迁出地虫情预测预报工作。在掌握甜菜夜蛾越冬区域的前提下，加强迁出地虫源的早期控制，减少扩散数量。通过气候条件及虫情监控措施，精

准预测或监测迁入地的虫源数量，结合当地的气候条件、农作物种植结构等做好针对性准备。针对不同作物，制定出不同的防治指标，如甜菜 170 头 / 百株、大豆 120 头 / 百株、大白菜 150 头 / 百株、芹菜 40 头 / 百株、大葱 60 头 / 百株幼虫适宜开始进行药剂防治。

（二）农业防治

清洁田园可破坏甜菜夜蛾生存环境，减少田间虫源基数。甜菜夜蛾孵化初期危害较集中，易于识别，可人工摘除卵块、虫叶。当甜菜夜蛾高龄幼虫入土化蛹时，可采用中耕与合理灌溉相结合，提高田间湿度，降低蛹的存活率，提高天敌对蛹的寄生率。

（三）生物防治

天敌是影响甜菜夜蛾种群动态的重要因子。已报道的捕食性天敌昆虫有 25 种，寄生性天敌昆虫有 62 种。我国的捕食性天敌主要有叉角厉蝽、星豹蛛。一些病原真菌、微孢子虫和线虫也可用于甜菜夜蛾的防治，如白僵菌。利用转 Bt 基因植物防治甜菜夜蛾也是一种行之有效的途径。

（四）物理防治

甜菜夜蛾成虫具有较强的趋光性和趋化性，利用黑光灯或频振式杀虫灯、糖醋液、防虫网可有效降低成虫的数量。甜菜夜蛾性诱剂能单一性诱杀雄虫，造成田间雌雄比例失调，降低田间落卵量，减轻危害。

（五）化学防治

注重科学、合理选择使用杀虫剂，严格限制使用剂量和次数，停止使用已产生抗药性的品种，对敏感性下降的品种应严格限制其使用次数或暂停使用，尽可能与不同作用机理的药剂轮用或混用。甜菜夜蛾龄期越大，抗药性越强、防控越难，所以防治一定要早，在初孵幼虫未发生为害前喷药防治。发生期每隔 3~5 天田间检查一次，抓住 1~2 龄幼虫盛期进行防治。低龄幼虫可使用昆虫生长调节剂，高龄幼虫可选用活性较高的杀虫剂，如甲维盐、茚虫威、氟虫脲、虫酰肼、啶虫脒、氯虫苯甲酰胺、乙基多杀菌素、氟虫双酰胺、溴虫腈等。

施药时，针对甜菜夜蛾幼虫的假死性和避光性特点，田间喷药动作要轻，尽量避免震动植株。喷药节点选择在早晨太阳出来前和下午太阳落山后，使虫体尽量接触到药液。

第五章
斜纹夜蛾

斜纹夜蛾属鳞翅目 Lepidoptera，夜蛾科 Noctuidae，英文名 Prodenia litura，学名 *Spodoptera litura* Fabricius，别名莲纹夜蛾、斜纹夜盗虫、乌头虫等。是一种世界性害虫。国外以非洲、中东、南沙群岛、印度等地发生为重。国内分布广泛，仅青海、新疆等地未见报道。

斜纹夜蛾是一种杂食性害虫，寄主种类繁多，涉及蕨类植物、裸子植物、双子叶植物、单子叶植物共计 109 科 389 种植物。幼虫具有暴食性，常对作物造成毁灭性危害。其中可取食水稻、玉米、高粱等禾本科植物；黄豆、绿豆、豇豆等豆科植物；红薯、马铃薯、茄子等茄科植物；白菜、甘蓝等十字花科植物；南瓜、丝瓜、冬瓜等葫芦科植物等 99 科 290 多种农作物。

20 世纪 80 年代以前，斜纹夜蛾是一种间歇性、偶发性的次要害虫。随着种植结构的调整和优化，斜纹夜蛾嗜食的蔬菜、经济作物和牧草等生产和栽培面积不断扩大，以及转基因 Bt 棉花的大面积推广，气候条件的变化等，都提供了利于该虫生长发育、繁殖和种群数量增长的良好生态条件和丰富的营养物质。斜纹夜蛾已成为常发性、暴发性的农业大害虫。近年来，在我国南方地区连续多年大发生，成为蔬菜重要的害虫之一，危害日趋严重。

一、为害特点

主要以幼虫为害全株，具杂食性和暴食性。1~2 龄低龄幼虫集聚在叶背面，取食叶肉仅留下叶片表皮和叶脉，呈透明网窗状。3 龄幼虫开始分散取食为害，造成叶片缺刻。4 龄后进入暴食期，为害整个叶片，也可取食嫩茎、花和果实，严重时吃光整个植株叶片仅留残杆，可转株为害。在包心椰菜上，幼虫钻入叶鞘内为害，把内部吃空，并排泄粪便，使蔬菜商品价值降低乃至失去。是一种危害性很大的害虫。

二、形 态 特 征

1. 卵

卵呈馒头形，直径 0.4~0.5 毫米，黄白色至暗灰色，卵面有细的纵横脊纹；卵产成块，2~3 层重叠成椭圆形卵块，每块卵粒数十粒至几百粒不等，外面覆盖黄色绒毛。

2. 幼虫

分为 6 个龄期。1~2 龄体长 1.3~4.6 毫米，呈黄白色或黄绿色，体表布满着带有刚毛的整齐肉瘤。3~4 龄体长 6~11 毫米，体色多变，会随着日龄及不同环境条件而呈现不同颜色，多呈黄绿色或灰褐色。5~6 龄虫体长 26~47 毫米，体色多变，多呈浅褐色至黑棕色，体线明显。典型特征为沿亚背线上缘每腹节两侧各有三角形黑斑一堆，其中第 1、第 7、第 8 腹节斑纹最大，近似菱形。

3. 蛹

长 15~23 毫米，圆筒形，呈红褐色，羽化前期变成黑褐色，腹部末端有一对大而弯曲基部分开的臀刺，雄蛹最后一腹节上端有明显突出的生殖器。

4. 成虫

体长 14~27 毫米，翅展 33~46 毫米，通常雄性成虫的体长和翅展均略小于雌性成虫。体暗褐色，翅面呈较复杂的褐色斑纹，内、外横线为灰白色的波浪形，翅面上有一个明显的环状纹和肾形纹，在两纹之间有明显的 3 条灰白色斜纹，是斜纹夜蛾的典型特征。后翅为灰白色半透明状，无斑纹，常有浅紫色闪光（插页图 16）。

三、生活习性

斜纹夜蛾成虫飞翔力强，具有远距离迁飞的能力，当食物缺乏、种群密度过大时便会迁飞，迁飞距离最远长达 42.86 千米，迁飞速度最快可达 4.82 千米 / 小时。斜纹夜蛾无滞育性，耐寒能力低，但对高温高湿具有较强的适应能力，在 33~40℃高温条件下也能正常生活。世代发育历期短，通常为 35~45 天。成虫多在每天下午羽化后隐藏在植株茂密处，杂草丛或土缝中，傍晚外出活动、交配，夜晚至次日凌晨为活动高峰期，次日晚产卵。单头雌虫产卵量为 1 000~2 000 粒，最多可达 3 000 粒。卵期夏季 3~4 天，冬季 7~9 天。初孵幼虫具有吐丝随风飘荡的习性，3 龄前群聚在寄主叶背取食，3 龄后分散危害，白天躲在心叶中或寄主附近的土块下，傍晚至次日早晨日出前或阴雨天爬出取食。幼虫畏光，具有假死性，当食料不足时能群迁及扩散为害。幼虫期夏季为 13~15 天，春季为 51~57 天。老熟幼虫在被害植株旁入土约 30 毫米化蛹，蛹期 9~12 天，越冬代 25~34 天。

成虫有强烈的趋光性和趋化性，黑光灯的效果比普通灯的诱蛾效果明显，另外对糖、醋、酒味很敏感。

四、发生规律

斜纹夜蛾在我国一年发生多代，世代重叠严重。斜纹夜蛾在我国东北、华北、黄河流域一年发生 4~5 代，长江流域一年发生 5~6 代，华东、华中一年发生 5~7 代，华南一年发生 7~8 代，西南一年发生 8~9 代。在广东、广西、福建、台湾等地，可终年繁殖，无越冬现象。在长江流域以北地区，越冬问题尚无定论，认为其春季虫源可能从南方迁飞而来。而长江中下游地区，不能越冬。温湿度是预测斜纹夜蛾种群动态的重要指标。影响斜纹夜蛾发生的主要因素：

1. 气候条件

斜纹夜蛾是一种喜温而又耐高温的间歇性猖獗危害的重要害虫。气候高温干旱，降水量少，温湿度适宜往往是大暴发的前兆。温度是影响其发生的首要气候因子。在 18~34℃范围内，温度越高，斜纹夜蛾发育速率越快。29℃左右，卵孵化率，幼虫、蛹存活率，成虫日产卵量及总产卵量均最高。

湿度是除温度以外，影响斜纹夜蛾种群数量的重要因子。相对湿度 62%~90% 条件下，幼虫取食量随湿度升高而增加。温度相同时，湿度的提高，有利于延长成虫的寿命。总体而言，低温、低湿，不利于斜纹夜蛾各虫态的存活；高温、高湿，有利于种群数量的增加。

2. 寄主植物

不同寄主植物对斜纹夜蛾的影响主要体现在幼虫生长发育、蛹重、成虫羽化率及产卵量等方面，还能通过影响斜纹夜蛾中肠酯酶活性，进一步影响其对药剂的敏感性。近年来，随着产业结构的调整，蔬菜和经济作物种植面积不断扩大，复种指数提高，为斜纹夜蛾提供了丰富的食料和栖息繁殖场所。农田周边杂草及城市绿植，也为斜纹夜蛾提供了适宜的转移、繁殖及世代延续的野生寄主和桥梁寄主。

3. 人为因素

斜纹夜蛾的爆发具有间歇性和偶发性，大部分农业生产上对其发生特点缺乏了解，在防治时期、防治措施和防治力度方面做得不够。田间防治过分依赖化学药剂。过量、过频使用药剂，不仅使斜纹夜蛾产生抗药性，还杀伤了大量天敌，破坏了生态系统的稳定性和平衡性，给斜纹夜蛾的猖獗为害提供了有利条件。

五、抗　药　性

斜纹夜蛾的防治主要依靠化学药剂。大量频繁使用不同杀虫剂，导致斜纹夜蛾对多种药剂具有多重抗性。早在 1965 年已经报道斜纹夜蛾对六六六、有机磷、氨基甲酸酯等杀虫剂产生了不同程度的抗性。总体而言，斜纹夜蛾对有机磷类、拟除虫菊酯类、氨基甲酸酯类杀虫剂的抗性水平较高。从斜纹夜蛾抗性发展特点来看，斜纹夜蛾具有对新药剂产生抗性的较高风险，应引起重视，针对不同地区不同情况的抗性水平，制定合理的防治策略，延缓抗性的产生，延长药剂的使用寿命。

六、综合防控技术

（一）农业防治

及时清除田边及周边杂草，破坏成虫和蛹的栖息场所。及时摘除有卵块和初孵幼虫的叶片，并对高龄幼虫进行人工捕杀，防止幼虫在田间扩散。采用休耕、轮作、晒田等农事措施，破坏或恶化其化蛹场所，有助于减少虫源。配合合理的作物布局，减少桥梁田。利用斜纹夜蛾喜欢在芋、大豆和甘蓝上产卵的特性，在田块周围或中间适当种植以诱集产卵，以便集中处理斜纹夜蛾的卵块和初孵幼虫。据田间试验验证，在大白菜田块配种芋，在西瓜田块配种大豆，在斜纹夜蛾产卵高峰期，能有效降低配种田内作物间的卵量，最高可下降 52.16%。大型蔬菜农场，蔬菜与水稻轮作可大大降低斜纹夜蛾的为害。

（二）物理防治

（1）点灯诱蛾。利用成虫趋光性，利用黑光灯或频振式杀虫灯诱杀斜纹夜蛾成虫。据调查，点灯诱蛾能显著降低田间蛾量、落卵量、幼虫量，降低幅度分别73%、57.1%和67.5%。田间设置频振式杀虫灯，按每3.3公顷设置一盏，诱蛾效果较好。

（2）糖醋诱杀。利用成虫的趋化性，用糖醋液诱杀，按照糖∶醋∶酒∶水=3∶4∶1∶2比例配好后1%~2%的90%敌百虫，放于田间，平均每亩放3个装有诱集液的盆进行诱集。在植株出苗前，也可将混有敌百虫的碎菜叶撒于田间，诱杀地面的高龄幼虫。

（3）柳枝诱杀。成虫对柳枝气味具有偏好性，可用蘸有500倍敌百虫的柳枝诱杀成虫。

（4）性诱剂诱杀。利用性诱剂诱杀斜纹夜蛾雄虫，诱捕器设置高度通常距离地面1~1.5米，诱集效果最好。在大田里，可每隔50米放置一个诱盆。

（三）生物防治

斜纹夜蛾天敌记录共有169种，包括天敌昆虫、蜘蛛、线虫、微孢子虫、细菌、真菌和病毒等。生产上应用较多的主要有生物制剂斜纹夜蛾多角体病毒（SlNPV）和苏云金杆菌（Bt）。据报道，斜纹夜蛾多角体病毒对斜纹夜蛾的防效高达80%~90%，与化学农药相比，成本下降约60%，增产率达35.8%。

（四）化学防治

合理选择使用杀虫剂，尽量避免使用广谱性杀虫剂。虫害大发生时，交替、轮换使用杀虫机理不同的药剂，尤其轮换使用有特异杀虫机理的杀虫剂。优先选用选择性强、对人畜低毒、对环境影响较小的植物性杀虫剂。合理进行药剂的复配和混配，延缓抗药性的产生。现阶段，能用于斜纹夜蛾防治的药剂有：溴虫腈、甲维盐、茚虫威、氯虫苯甲酰胺、乙基多杀菌素、啶虫隆、乙基毒死蜱、氟虫脲、虫酰肼等，建议按使用说明推荐剂量施用。

第六章

菜　蚜

菜蚜，俗称蜜虫、腻虫，是桃蚜 [*Myzus persicae*（Sulzer）]、萝卜蚜（*Lipaphis erysimi*）和甘蓝蚜（*Brevicoryne brassicae*）等蔬菜蚜虫的总称，其中桃蚜是为害蔬菜和果树的杂食性害虫，萝卜蚜和甘蓝蚜是为害十字花科蔬菜的寡食性害虫。

一、为害特点

菜蚜主要为害萝卜、芥菜、青菜、菜薹、甘蓝、花椰菜等十字花科蔬菜及茄子、辣椒、番茄、马铃薯、菠菜等，以若虫或成虫在蔬菜叶背或留种株的嫩梢嫩叶上群居为害，吸食汁液，导致节间变短、弯曲，叶片略向背面皱缩变黄，嫩叶畸形卷缩，植株矮小，生长缓慢，影响包心或结球，亩产量下降，留种株受害不能正常抽薹、开花和结籽。除吸食危害外，菜蚜还是主要的传媒昆虫，可传播多种植物病毒，或导致煤污病，造成的危害远远大于蚜害本身。

二、形态特征

（一）桃蚜（插页图 17）

1. 有翅胎生雌蚜

体长 1.8~2.5 毫米；头、胸部黑色；腹部体色多变，有绿色、淡暗绿色、黄绿色、褐色、赤褐色，腹背面中央有黑褐色的方形斑纹，两侧有小斑，额瘤内倾，触角黑色，共 6 节，第 3 节上有 9~17 个感觉圈，排成一列；腹管色同腹部，端部黑色。

2. 无翅孤雌蚜

体长 2~2.6 毫米，近卵圆形，体色多变，有绿色、黄绿色、深红色、褐色等，低温下颜色偏深，头部颜色较深，表皮粗糙，有粒状凸起。触角各节有瓦纹，第 3 节无感觉圈。额瘤和腹管特征同有翅蚜。

3. 有翅雄蚜

体长比雌蚜略小，1.5~1.8 毫米，基本特征同有翅雌蚜，但腹背面中央的黑褐色方形斑纹较大，第 3 和第 5 节上的感觉孔数目较多。

4. 若蚜

体形、体色与无翅孤雌蚜相似，个体较小。其中干母低龄时为暗绿色，不透明；干雌体色透明，有红斑。

5. 卵

长椭圆形，初产时淡黄色，后渐变为黑褐色，有光泽。

（二）萝卜蚜（插页图 18）

1. 有翅胎生雌成蚜

体形长卵形，长 1.6~2.4 毫米，宽 0.9~12 毫米。头、胸部黑色，腹部黄绿色至绿色，腹部第 1、第 2 节背面及腹管后有 2 条淡黑色横带（前者有时不明显），腹管前各节两侧有黑斑，身体上常被有稀少的白色蜡粉。触角第 3 节有感觉圈 16~26 个，排列不规则；第 4 节有 2~6 个，排成 1 行；第 5 节有 0~2 个。额瘤不显著。腹管暗绿色，较短，中后部膨大，末端收缩。

2. 无翅胎生孤雌蚜

体形卵圆形，长 1.8~2.4 毫米，宽 1~1.3 毫米。全身黄绿至黑绿色，稍被白色蜡粉。额瘤不明显。触角粗糙，约为体长的 2/3，第 3、第 4 节无感觉圈，第 5、第 6 节各有 1 个感觉圈。胸部各节中央有一黑色横纹，并散生小黑点。腹管和尾片与有翅蚜相似。

3. 若蚜

个体较小，体形、体色与无翅成蚜相似，有翅若蚜 3 龄起可见翅芽，体形略显瘦长。

（三）甘蓝蚜（插页图 19）

1. 有翅胎生雌蚜

体长 1.8~2.4 毫米，头、胸部黑色，复眼赤褐色。腹部黄绿色，有数条不很明显的暗绿色横带，两侧各有 5 个黑点，全身覆有明显的白色蜡粉。无额瘤：触角第 3 节有 37~49 个不规则排列的感觉孔；腹管很短，中部稍膨大。

2. 无翅胎生雌蚜

体长 2~2.5 毫米，全身黄绿色或暗绿色，被有较厚的白蜡粉，复眼黑色，触角第 3 节无感觉孔；无额瘤；腹管短于尾片，圆筒状，中部膨大，端部收缩；尾片近似等边三角形，两侧各有 2~3 根长毛。

3. 若蚜

个体略小，体形、体色与无翅成蚜相似。有翅若蚜 3 龄起可见到幼小的翅蚜，体型较无翅若蚜瘦长。

三、生 活 习 性

1. 生活史

桃蚜、甘蓝蚜和萝卜蚜在我国露地的发生代数由北向南逐渐增加，华北地区一年发生 10~20 代，长江流域一年发生 20~30 代，华南地区一年发生 30~40 代。但在华北、东北和西北的保护地，3 种蚜虫一年可发生 30~40 代。

桃蚜和萝卜蚜常混合发生。在华北地区和长江流域，这 2 种蚜虫均有 2 个发生高峰，分别是 5—6 月和 9—11 月。温度是决定这 2 种蚜虫混生种群数量消长规律及季节消长规律差异的主要因子。

如在长江三角洲地区，每年的12月至翌年5月桃蚜种群占绝对优势，7—10月以萝卜蚜为主，5—7月和10—12月2种蚜虫的发生比例交错变换；在华北地区，春季十字花科蔬菜上桃蚜占优势，秋季大白菜上的发生量变化较大，有时以桃蚜为主，有时以萝卜蚜为主。桃蚜和萝卜蚜在华南蔬菜生产区只有10月中下旬至翌年1月一个发生高峰，高峰期桃蚜和萝卜蚜混合发生，在蜡质多、表面光滑的十字花科蔬菜上以桃蚜居多，叶片表面多毛的蔬菜上以萝卜蚜为主。

甘蓝蚜主要发生在高纬度的东北和西北地区，华北及其以南地区偶有发生，发生时期在春末和夏季，9月下旬至10月产生性蚜，交尾后产卵越冬，少数成蚜和若蚜在菜窖中越冬。

2. 生活与繁殖

桃蚜有越冬寄主，营全周期生活，繁殖方式分为孤雌生殖和有性卵生两种。在北方和长江流域露地种植区，越冬卵在早春季节孵化为干母，在冬寄主上孤雌胎生繁殖产生干雌。4月20日前后断霜以后，产生有翅胎生雌蚜，迁飞到十字花科、茄科作物等侨居寄主上为害，并不断营孤雌胎生繁殖出无翅胎生雌蚜，继续进行为害。直至晚秋当夏寄主衰老，不利于桃蚜生活时，才产生有翅性母蚜，迁飞到冬寄主上，生出无翅卵生雌蚜和有翅雄蚜，雌雄交配后，在冬寄主植物上产卵越冬。桃蚜越冬卵抗寒力很强，即使在北方高寒地区也能安全越冬。在华南等温暖地区和北方保护地，食源充足，桃蚜可以全年营孤雌生殖的不全周期生活。

萝卜蚜营不全周期生活，在北方虽然可以产卵越冬，但无多年生越冬寄主，在南方冬季不产卵，可连续孤雌生殖。

甘蓝蚜是十字花科植物的转性寄生害虫，是高纬度和高海拔地区十字花科蔬菜生产区的主要蚜虫，北方地区年发生10余代，寒冷地区主要在晚甘蓝、球茎甘蓝、冬萝卜和冬白菜上以卵越冬，越冬卵一般在翌年4月开始孵化，5月中下旬迁移到春菜上为害，再扩大到夏菜和秋菜上，10月即开始产生性蚜，交尾产卵越冬。在温暖地区可终年营孤雌生殖。常与桃蚜混合发生，但为害高峰期在春末和夏季，与桃蚜的发生高峰期有显著的差异。

3. 迁飞

有翅蚜可在无风时自主短距离飞行或随风长距离迁飞。蚜虫的迁飞与生存条件密切相关，当缺水、缺肥、寄主植物老化、种群密度过大时就会产生有翅蚜迁飞。菜蚜的迁飞与其传播病毒病和扩大为害直接相关。

四、发生规律

1. 气候因素

温度对桃蚜、萝卜蚜的发育速率、寿命、存活率、生殖率和生殖力都有直接影响。在较低的温度下，桃蚜的发育速率、若虫存活率、生殖力和生殖率都比萝卜蚜高，而在较高温度下萝卜蚜比桃蚜高，所以2种蚜虫虽然可以混合发生，但发生高峰可以错开，春季桃蚜的发生高峰早于萝卜蚜，秋季发生高峰晚于萝卜蚜。甘蓝蚜的发育起点温度为4.3℃，最适发育温度为20~25℃，最适产仔温度为12~15℃，种群增长最适温度为20~30℃，低于5℃或高于30℃种群增长率显著下降。

2. 天敌

天敌是抑制菜蚜田间种群发展的主要因素之一。菜蚜的天敌种类有50余种，其中捕食性天敌主要有七星瓢虫（*Coccinella septempunctata*）、异色瓢虫（*Harmonia axyridis*）、龟纹瓢虫（*Propylea japonica*）、中华草蛉（*Chrysopa sinica*）、黑点齿爪盲蝽（*Deraeocoris punctulatus*）、东亚小花蝽（*Orius sauteri*）、南方小花

蝽（*Orius strigicollis*）、八斑球腹蛛（*Theridion Octomaculatum*）、草间钻头蛛（*Hylyphantes graminicola*）等。寄生性天敌有烟蚜茧蜂（*Aphidius gifuensis*）、菜少脉蚜茧蜂（*Diaeretiella rapae*）、燕麦蚜茧蜂（*Aphidius avenae*）、蚜小蜂（*Aphelinus* sp.）等。寄生菌有蚜霉菌（*Entomophthora aphidis*）、蜡蚧轮枝菌（*Verticillium lecanii*）。

五、抗　药　性

菜蚜是高抗药性害虫，目前菜蚜对市场上的常用杀虫剂均产生了不同程度的抗药性。如 2013 年，北京地区通州、顺义、大兴、海淀、延庆和门头沟 6 个田间种群的桃蚜对毒死蜱、吡虫啉、甲氨基阿维菌素苯甲酸盐、阿维菌素、高效氯氰菊酯等 5 种常用药剂均产生了不同程度的抗药性。6 个种群对高效氯氰菊酯产生了高水平抗性。门头沟、通州和延庆种群的桃蚜种群对毒死蜱和吡虫啉抗性倍数分别在 2.05~4.24 倍和 32.03~41.27 倍。大兴种群对阿维菌素和甲氨基阿维菌素苯甲酸盐的抗性倍数分别为 3.45 倍和 2.82 倍，海淀种群对阿维菌素的敏感性有所降低外（抗性倍数为 2.66 倍），其他种群桃蚜对这 2 种药剂仍处于较敏感状态（抗性倍数在 0.19~1.44 倍）。

2014 年，广州市天河区、广东韶关市郊、湖南郴州市北湖区、广东湛江市赤坎区、广东梅州市梅县区、广东惠州市惠阳区 6 个地区的桃蚜种群对吡虫啉的抗性水平较高，抗性倍数在 28~51.5 倍。湖南郴州市、广东韶关市、广东梅州市和广东惠州市 4 个监测点的桃蚜种群对硫丹产生了低水平抗性或者敏感性下降（抗性倍数分别为 3.6 倍、3.8 倍、5.1 倍和 7.2 倍）。广州市天河区小白菜和惠州市惠阳区甘蓝上的桃蚜种群对联苯菊酯产生了低水平抗性（抗性倍数分别为 9.6 倍和 7.7 倍），湖南郴州市监测点甘蓝上的桃蚜种群对丁硫克百威产生了低水平的抗性（抗性倍数 8.1 倍）。其他监测点的桃蚜种群对硫丹、毒死蜱、联苯菊酯、丁硫克百威、抗蚜威和烯啶虫胺均产生了中等水平的抗性，抗性倍数在 10.6~28 倍。

2005—2006 年，山东昌乐县桃蚜种群对吡虫啉、氰戊菊酯、氧乐果和灭多威的抗性分别为 2.17 倍、23.85 倍、16.35 倍、2.91 倍。诸城、莒县和沂南的桃蚜种群对氰戊菊酯的抗性较高，分别为 16.59 倍、12.27 倍和 15.18 倍。

六、综合防控技术

（一）农业防治

菜田内间作种植玉米等高秆作物，可有效阻挡蚜虫的迁飞扩散传播病毒，减少病毒病的发生危害。

（二）生物防治

食蚜瘿蚊是菜蚜重要的捕食性天敌，国内外均已成功饲养并商品化生产、销售，每亩释放量 3 000 头 / 次，10 天后再释放一次，可起到良好的防控效果。七星瓢虫、异色瓢虫等瓢虫在蚜虫种群增长的初始阶段每亩释放瓢虫卵 500 粒 / 次。

（三）物理防治

黄板诱杀：蚜虫趋黄色，在田间挂置黄板，可诱杀有翅蚜，阻挡蚜虫的迁飞扩散传毒、减缓蚜虫的种群繁殖，降低其病毒病的为害。

银灰膜驱避：蚜虫对银灰色有负趋性，在蔬菜生长季节，可在田间张挂银灰色塑料条，或铺设银灰色地膜等，驱避蚜虫，减轻其危害。

轮作：夏季不种或少种十字花科蔬菜，可切断或减少秋菜的虫源。

（四）化学防治

化学防治具有防治效果好、收效快、使用方便、受季节性限制较小、适宜于大面积使用等优点，是农业害虫防控过程中不可代替的防控措施。在选择杀虫剂时应综合考虑作物、天敌和抗药性等因素，选择高效低毒、对环境安全的杀虫剂，科学用药。常用的蚜虫杀虫剂有以下几类：

1. 新烟碱类

新烟碱类杀虫剂是防控刺吸式害虫的主要杀虫剂，目前市场上主要用于防控蚜虫的有吡虫啉、避蚜雾、啶虫脒、噻虫嗪、吡蚜酮等。

2. 季酮酸类

螺虫乙酯是季酮酸类杀虫剂的代表，具有双向内吸传导、持效期长等特点，可提供长达 8 周的有效防治。

第七章

烟　粉　虱

烟粉虱属同翅目 Homoptera，粉虱科 Aleyrodidae，学名 *Bemisia tabaci*，别名棉粉虱、甘薯粉虱，俗称“小白蛾子”。广泛分布于世界各大洲的多个国家和地区，寄主主要集中在蝶形花科、菊科、大戟科、十字花科、葫芦科、豆科、茄科、锦葵科等 74 科 600 余种植物。烟粉虱通过取食直接为害作物及通过传播病毒为害作物，其可以传播 110 余种病毒病，在生产中造成严重经济损失的病毒有棉花皱叶病毒、西葫芦卷叶病毒、番茄斑点病毒、番茄黄化曲叶病毒等。

一、为害特点

一是直接刺吸植物汁液，造成植物衰弱、干枯；二是若虫和成虫分泌蜜露，诱发煤污病；三是传播病毒病（插页图 20）。烟粉虱为害初期叶片出现白色小点，沿叶脉变为银白色，后发展至全叶，使叶面呈银白色如镀锌状膜，光合作用受阻。严重时全株除心叶外多数叶片布满银白色膜，导致生长减缓，叶片变薄，叶脉、叶柄变白发亮，呈半透明状，且附着叶面，不易擦掉。

二、形态特征

1. 成虫

雌虫体长 0.91 ± 0.04 毫米，翅展 2.13 ± 0.06 毫米；雄虫体长 0.85 ± 0.05 毫米，翅展 1.81 ± 0.06 毫米。虫体淡黄白色到白色，复眼红色，肾形，单眼 2 个，触角发达 7 节（插页图 21）。翅白色无斑点，被有蜡粉。前翅有 2 条翅脉，第一条脉不分叉，停息时左右翅合拢呈屋脊状。足 3 对，跗节 2 节，爪 2 个。

2. 卵

椭圆形，有小柄，与叶面垂直，卵柄通过产卵器插入叶内，卵初产时淡黄绿色，孵化前颜色加深，呈琥珀色至深褐色，但不变黑（插页图 22）。卵散产，在叶背分布不规则。

3. 若虫（1~3 龄）

椭圆形。1 龄体长约 0.27 毫米，宽 0.14 毫米，有触角和足，能爬行，有体毛 16 对，腹末端有 1 对明显的刚毛，腹部平、背部微隆起，淡绿色至黄色可透见 2 个黄色点（插页图 23）。一旦成功取食合适寄主的汁液，就固定下来取食直到成虫羽化。2 龄、3 龄体长分别为 0.36 毫米和 0.50 毫米，足和触角退化至仅 1 节，体缘分泌蜡质，固着为害。

4. 蛹（4 龄若虫）

蛹淡绿色或黄色，长 0.6~0.9 毫米；蛹壳边缘扁薄或自然下陷无周缘蜡丝；胸气门和尾气门外常有蜡缘饰，在胸气门处呈左右对称；蛹背蜡丝有无常随寄主而异。

三、生 活 习 性

烟粉虱成虫可两性生殖或孤雌生殖，受精卵为二倍体，发育成雌虫，未受精的卵为单倍体，发育成雄虫。

1. 卵

卵散产或排列呈一头产于叶片背面，在 25℃以下，从卵发育到成虫需要 18~30 天，其历期取决于取食的植物种类。

2. 若虫

1 龄若虫有足和触角，一般在叶片上爬行寻找取食点，从 2 龄起，足及触角退化，营固定生活。

3. 成虫

成虫每雌产卵 30~300 粒，在适合的寄主上平均产卵 200 粒以上。成虫具趋光性和趋嫩性，成虫喜细嫩的植物，聚集于叶背为害，趋黄色，群居于叶片背面取食。中午高温时活跃，早晨和晚上活动少，飞行范围较小，可借助风力或气流做长距离迁移。

烟粉虱在寄主植株上的分布有逐渐由中、下部向上部转移的趋势，成虫主要集中在下部，从下到上，卵及 1~2 龄若虫的数量逐渐增多，3~4 龄若虫及蛹壳的数量逐渐减少。成虫、若虫可通过蔬菜定植带虫转移等方式传播。

四、发 生 规 律

烟粉虱一年发生的世代数因地而异，不同地区烟粉虱的发生情况存在差异，在西藏、青海等烟粉虱一年发生世代 0~1 代，山东、河南、重庆一带烟粉虱一年发生世代 7~15 代，而发生代数最多的是广东、广西、海南 3 个省区，一年发生 11~15 代。田间发生世代重叠极为严重。北方露地 8 月中旬烟粉虱数量急剧上升，为发生盛期，棚室 11 月和 3—4 月发生数量相对偏高，烟粉虱在气温低于 14℃后，露地不能越冬。因此，冬季 12 月至翌年 1 月容易发生连阴天，此期室温偏低，烟粉虱繁殖受限，发生数量偏低。南方地区露地 6—7 月为烟粉虱发生高峰，保护地烟粉虱一年有 2 个高峰期，分别在 3 月中下旬和 7 月中下旬。

1. 飞行特性

烟粉虱具有迁飞飞行和搜索飞行特性，这种特性能加速烟粉虱在寄主间的转移，使其获得更大的生活空间。烟粉虱在田间的扩散距离最远可以超过 7 千米，扩散飞行的烟粉虱绝大部分集中在距地面 0.5 米左右高处。羽化后 3~5 天烟粉虱飞行能力最强，羽化 6 天以后的成虫较少进行飞行。

2. 气候条件

烟粉虱成虫数量与温度呈正相关，与空气湿度呈负相关，光照时间越长，越有利于烟粉虱的发育，在植株上的分布表明，当中下部光照条件较差时，烟粉虱的取食和产卵部位会逐渐向上部移动。研究表明，25~30℃是烟粉虱发育的最适温度，温度过高或过低均会影响烟粉虱的生长发育。相对湿度30%~70%是烟粉虱发育的适宜范围。

3. 寄主植物

烟粉虱广泛分布于世界各大洲的多个国家和地区，为害的寄主植物目前估计已经超过600种。烟粉虱对寄主有一定的选择性，不同的寄主植物对烟粉虱的产卵力、存活率、发育历期、成虫寿命等生物学参数或生理学指标有影响。其为害主要集中在茄科、葫芦科、豆科、十字花科、锦葵科和大戟科，如番茄、茄子、黄瓜、甜瓜、菜豆、芥蓝，以及园林植物一品红、扶桑等。

4. 天敌

烟粉虱高龄若虫的捕食性天敌是影响烟粉虱种群数量动态的重要因子。烟粉虱的捕食性天敌种类丰富，包括捕食性天敌、寄生性天敌、虫生真菌等，全世界范围内有9目31科128种，包括蜱螨目、蜘蛛目、鞘翅目、双翅目、半翅目、膜翅目、脉翅目、螳螂目、缨翅目。天敌数量和控制作用与烟粉虱发生的环境及种群数量变动等有极大关系。初夏比春季多，而秋季是一年中烟粉虱天敌数量最多的时期，此期的控制作用亦最强。就自然环境条件而言，一般干旱的地方捕食性天敌较多而寄生性天敌和致病性天敌较少；多雨及湿度大的地方寄生性天敌和致病性天敌较多，特别是致病性天敌多，易形成烟粉虱流行病，对其危害控制作用较大。就种植设施来说，烟粉虱天敌温室大棚比露地多。

五、抗 药 性

1. 抗药性监测方法

将琼脂用蒸馏水配成 15~17 克 / 升。用微量移液器吸取 2 毫升液体琼脂，加入到平底玻璃管底部，注意不要沾染管壁，不要产生气泡。待液体琼脂冷却凝固，管壁蒸汽挥发干净，用蒸馏水稀释成 5 个系列浓度的药液；将直径为 18 毫米的甘蓝叶片圆形叶置于各药液中浸渍 5 秒，取出于室温晾干后，背面向上粘于琼脂表面；对照以蒸馏水处理；接入羽化 24 小时的烟粉虱成虫，用纱布封住管口，每处理试虫约 30 头，各处理重复 4 次。将接有试虫的指形管倒置放于养虫室正常饲养，饲养条件为 L/D=14/10，T=26 ± 2℃，RH=75% ± 5%，1 小时后检查接入试虫情况，若已死亡不计入接入虫数中；再分别于 24 小时、48 小时检查试验结果，计算死亡率。

2.B 型烟粉虱成虫对常用药剂的敏感基线

表 7-1　B 型烟粉虱成虫对部分杀虫剂的敏感性基线

药剂名称	斜率 ± 标准误	LC_{50} /（毫克 · 升 $^{-1}$）（95% 置信限）
阿维菌素	1.85 ± 0.20	0.087（0.063~0.12）
烯啶虫胺	1.15 ± 0.12	2.22（1.57~3.12）
噻虫嗪	1.06 ± 0.11	17.80（9.78~32.5）
啶虫脒	3.47 ± 0.36	3.22（2.44~4.24）
吡虫啉	1.12 ± 0.08	8.72（6.40~11.9）
溴氰虫酰胺	1.58 ± 0.11	6.23（4.89~7.94）
丁硫克百威	1.12 ± 0.10	441（332~586）
毒死蜱	2.73 ± 0.23	174（142~213）
氯氰菊酯	1.27 ± 0.05	137（110~171）
联苯菊酯	1.54 ± 0.13	118（87.7~159.1）

注：1.B 型烟粉虱种群于 2000 年 8 月采自北京市郊甘蓝田，在室内不接触任何药剂的情况下用“京丰 1 号”甘蓝苗在室内饲养至今所建立的相对敏感品系；

2. 烟粉虱成虫对氯氰菊酯敏感基线数据引自袁林泽等（2011）的结果。

3. 抗药性现状

自 1983 年首次报道苏丹棉花上烟粉虱种群对乐果、久效磷产生高水平抗性，对倍硫磷和喹硫磷产生中等水平抗性，对 DDT、硫丹和丙溴磷产生低水平抗性后，20 世纪 90 年代中期，北美洲一些地区烟粉虱对增效拟除虫菊酯的敏感性下降，之后各国相继报道了烟粉虱对有机氯、拟除虫菊酯、氨基甲酸酯、烟碱类和昆虫生长调节剂（IGRs）等杀虫剂均产生不同程度的抗性。

六、综合防控技术

（一）农业防治

肥水管理，使植株生长健壮，增强对害虫的抵抗力和受害后的恢复能力。注意修剪，除去病、虫、弱枝，使植株既不郁闭又不空疏。

1. 调节作物播种期

避开烟粉虱季节性的种群高峰和扩散期，可有效降低粉虱的种群数量。如在温带地区，春季敏感作物适当早播，提前收获；秋季温室敏感作物适当晚播，避开秋季烟粉虱扩散高峰期。在较大区域内一段时间停止种植烟粉虱喜食的作物，使其缺乏食物而种群数量下降。

2. 空间阻隔

寄主植物与非寄主植物间隔种植，降低烟粉虱种群数量。如在寄主作物周围种植一圈高秆的非寄主植物（如高粱）。采用不同作物间作、地表覆盖物等干扰粉虱在寄主搜索过程中的视觉和嗅觉行为，如每 5~10 行主栽作物间种 1~2 行另一种作物等。木薯间作玉米、豇豆或花生，番茄间作绿豆、南瓜或茄子，棉花间作瓜类作物，瓜果地里间作花椰菜等均可降低粉虱的种群数量。

（二）生物防治

生物防治是控制烟粉虱最有效的方法之一。粉虱类害虫天敌资源丰富，有鞘翅目、半翅目、捕食螨等捕食性天敌120余种，丽蚜小蜂等寄生蜂20多种以及昆虫病原真菌，如轮枝菌、拟青霉菌、座壳孢等多种，但是其中应用最广、最成功的当属丽蚜小蜂 *Encarsia formosa* 等寄生蜂。释放丽蚜小蜂，结合使用少量噻嗪酮，可有效控制粉虱类害虫的危害。大田作物上烟粉虱的生物防治应立足于天敌的保护和利用。除利用烟粉虱天敌外，许多真菌对烟粉虱也有很好的防治作用。如玫烟色拟青霉和白僵菌。

（三）物理防治

黄板诱杀、纱网阻隔等物理措施已被广泛用于粉虱类害虫的防治。黄板可直接在市场购买，再涂上一层黏油（10号机油加少许黄油调匀即可）。黄板使用方法如下：悬挂方向以平行作物行垂直悬挂，大小以20厘米×25厘米较好，高度以作物冠层上部20厘米至冠层处较好，平均每10米^{2}连续悬挂1.5~2块黄板为宜。当粉虱粘满板面时，应及时清理并涂黏油，一般可7~10天重涂1次。国外研究表明整块作物在封闭的防虫网室内栽培，或在作物苗期或早期使用防虫网或塑料薄膜隔离或覆盖，均可大大减轻烟粉虱的为害，尤其对其传播的病毒病防治相当有效。

（四）化学防治

烟粉虱的化学防治一定要注意“早”。冬季在日光温室或保暖大棚盖棚时进行一次药剂防治，来年春季（4—5月）要进行1~2次药剂防治。由于烟粉虱飞行能力较弱，在食料丰富的地区，成虫主要在寄主植物周围5~10厘米范围内取食、活动。但由于烟粉虱虫体较小，它可以随风向附近扩散，因此在露地不能越冬的地区，烟粉虱的发生往往会形成明显的核心区和扩散区。因此露地防治的关键时期要选在作物虫口密度较低时或形成发生核心区时用药。

1. 推荐药剂

吡虫啉、啶虫脒、吡蚜酮、烯啶虫胺、螺虫乙酯、乙基多杀菌素、阿维菌素等药剂，以上药剂使用时应轮换使用，以延缓抗药性的产生和发展。在粉虱大发生时每7~10天用药1次，连续施药2~3次，喷药时间以8：00—10：00或16：00—18：00为宜。防治烟粉虱若虫时，选择螺虫乙酯和阿维菌素类药剂交替使用，再在保护地中结合烟剂熏杀成虫，可以有效控制烟粉虱危害。喷雾时应均匀细致，特别是叶片背面烟粉虱若虫多发部位要喷到。每亩保护地可用10%异丙威烟剂400克和15%敌敌畏烟剂500克交替熏烟，在傍晚闭棚后熏杀成虫，能有效降低烟粉虱的种群数量。

2. 注意事项

（1）烟粉虱主要在叶背活动和取食，在施药时要注意对叶背喷药，才能取得好的防治效果。

（2）烟粉虱有向光性，应选择在早上和傍晚施药，避免在晴天中午喷药。

（3）烟粉虱繁殖力高，田间世代和虫态重叠复杂，加之很难找到一种药能同时防治各种虫态，因此在烟粉虱大发生时，要采取每隔3~5天喷药1次，连续用药2~3次。

第八章

温室白粉虱

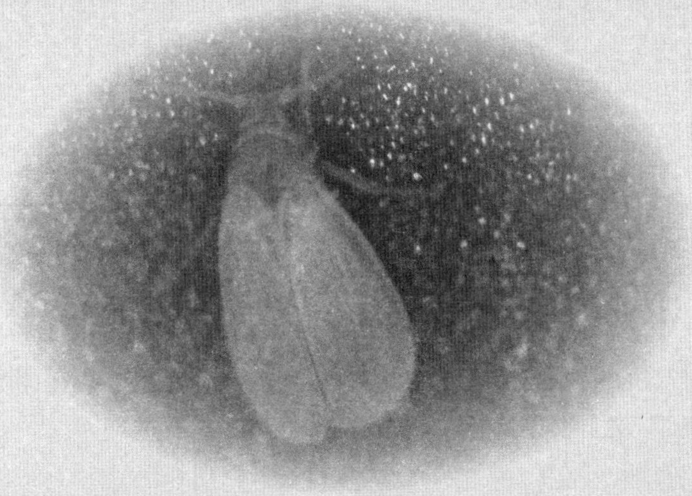

温室白粉虱属同翅目 Homoptera，粉虱科 Aleyrodidae，学名 *Trialeurodes vaporariorum*（Westwood）。1975 年在北京首次发现，现几乎遍布全国。寄主范围十分广泛，据统计有黄瓜、菜豆、茄子、番茄、青椒、甘蓝、甜瓜、西瓜、花椰菜、白菜、油菜、萝卜、莴苣、魔芋、芹菜等各种蔬菜及花卉、农作物等 121 科 898 种植物。

一、为害特点

温室白粉虱成虫和若虫吸食植物汁液，被害叶片褪绿、变黄、萎蔫，甚至全株枯死。此外，由于其繁殖力强，繁殖速度快，种群数量庞大，群聚为害，并分泌大量蜜露引起煤污病，覆盖、污染了叶片和果实，严重影响光合作用。另外该虫还可传播病毒，引起病毒发生，使蔬菜失去商品价值。

二、形态特征

1. 成虫

体长 1~1.5 毫米，淡黄色（插页图 24）。翅面覆盖白蜡粉，停息时双翅在体上合成屋脊状如蛾类，翅端半圆状遮住温室白粉虱整个腹部，翅脉简单，沿翅外缘有一排小颗粒。

2. 卵

卵长约 0.2 毫米，侧面观长椭圆形，基部有卵柄，柄长 0.02 毫米，从叶背的气孔插入植物组织中。初产淡绿色，覆有蜡粉，而后渐变褐色，孵化前呈黑色。

3. 若虫（插页图 25）

1 龄若虫体长约 0.29 毫米，长椭圆形，2 龄约 0.37 毫米，3 龄约 0.51 毫米，淡绿色或黄绿色，足和触角退化，紧贴在叶片上营固着生活。

4. 伪蛹（插页图 26）

4 龄若虫又称伪蛹，体长 0.7~0.8 毫米，椭圆形，初期体扁平，逐渐加厚呈蛋糕状（侧面观），中央略高，黄褐色，体背有长短不齐的蜡丝，体侧有刺。

三、生活习性

温室白粉虱发育速度快，繁殖力极强，世代重叠。成虫羽化后 1~3 天可交配产卵，平均每头雌虫产卵 142.5 粒，也可以进行孤雌生殖。在日光温室条件下，从卵—若虫—蛹—成虫，完成一个世代 23~32 天。一世代存活率 86.44%，雌虫比例为 52.12%，雌虫平均寿命 31.5 天，经过一个世代种群数量可增长 64.2 倍。在北方，温室一年发生 10 余代，以各虫态在温室越冬并继续危害。成虫活动最高温度为 25~30℃，卵发育的起点温度为 7.2℃。温室白粉虱在植株上的分布一般有以下特点：成虫有趋嫩性，上部嫩叶以成虫、淡黄色卵为多，稍下部以黑色卵为多，再下部是若虫与蛹。在自然条件下不同地区的越冬虫态不同，一般以卵或成虫在杂草上越冬。繁殖适宜温度 18~25℃，成虫有群集性，对黄色有趋性，有性生殖或孤雌生殖。卵多散产于叶片上，若虫期共 3 龄。各虫态的发育受温度因素的影响较大，抗寒力弱。早春由温室向外扩散，在田间点片发生。

四、发生规律

在 20℃和 25℃的温度条件下，温室白粉虱完成一个世代所需时间分别为 33 天与 19 天。在 24℃的温度条件下，成虫期为 15~17 天，卵期 7 天，幼虫期 8 天，蛹期 6 天。适宜温度下，温室白粉虱以成虫、幼虫、卵、蛹4种状态栖于叶背，成虫、幼虫吸食叶片汁液。雌雄成虫一生可交配数次。

温室白粉虱在北方地区露地不能越冬，以各种虫态在温室、大棚内繁殖、为害、越冬，一年可发生10代以上。翌年春天，气温回升以后，温室白粉虱逐渐向露地迁移扩散，7—8月虫口数量增加较快，10月中下旬以后，气温下降，又向温室大棚转移。若虫共3龄，3龄若虫脱皮后变为蛹。其繁殖的适宜温度为18~21℃，在温室条件下，约1个月完成1代。温室白粉虱的种群数量，由春季至秋季持续发展，夏季的高温多雨抑制作用不明显，到秋季数量达高峰，集中为害瓜类、豆类和茄果类蔬菜。在北方由于温室和露地蔬菜生产紧密衔接和相互交替，可使温室白粉虱周年发生，世代重叠严重。

五、抗　药　性

温室种植面积不断扩大，为温室白粉虱提供了更加有利的生态环境，越冬成活率高，使虫源日益蔓延，逐年增加。人们防治温室白粉虱以化学防治为主，但是由于用药方式的不合理，温室白粉虱已对有机磷、有机氯、拟除虫菊酯、氨基甲酸酯类、新烟碱类和昆虫生长调节剂等多种杀虫剂产生抗性。

六、综合防控技术

（一）农业防治

（1）培育“无虫苗”育苗时把苗床和生产温室分开，育苗前苗房进行熏蒸消毒，消灭残余虫，清除杂草、残株，通风口增设尼龙纱或防虫网等，以防外来虫源侵入。

（2）合理种植，避免混栽。避免黄瓜、番茄、菜豆等温室白粉虱喜食的蔬菜混栽，提倡第一茬种植芹菜、甜椒、油菜等温室白粉虱不喜食、为害较轻的蔬菜。第二茬再种黄瓜、番茄加强栽培管理。结合整枝打杈，摘除老叶并烧毁或深埋，可减少虫口数量。

（二）生物防治

采用人工释放丽蚜小蜂、中华草蛉、轮枝菌座壳孢菌、拟青霉、球孢白僵菌、金龟子绿僵菌、蝉拟青霉、被毛孢、虫疫霉、虫霉等天敌可防治温室白粉虱。当番茄平均每株温室白粉虱成虫在0.5头以下时，每2周连续3次释放丽蚜小蜂每株共15头，可控制温室白粉虱的发生为害。

（三）物理防治

夏季高温闷棚和冬季低温冷冻处理在温室休闲的夏季，密闭通风口，利用棚内50℃的高温杀死虫卵，持续2周左右，冬季换茬时裸露1~2周，利用外界0℃左右的低温也能有效杀灭各虫态温室白粉虱。

（1）黄板诱杀。由于温室白粉虱对黄色敏感，有强烈趋性，可在温室内设置黄板诱杀成虫。方法是：将硬纸板用黄油漆或广告色涂成黄色，再涂一层机油或粘虫胶，每隔2~3米放置1块。再利用温室白粉虱成虫的趋嫩性，将黄板置于行间与植株高度相同的地方。当温室白粉虱粘满时及时重涂黏油，每7~10天涂1次。

（2）趋光诱杀。利用温室白粉虱的趋光性，可在后墙张挂银灰色反光幕驱虫，或者在硬纸板上裱糊一层锡箔纸（或用香烟盒内的银纸拼凑），然后涂上机油，面对阳光置于植株附近，同样可以诱杀温室白粉虱。

（3）全程覆盖防虫网。用防虫网构建人工隔离屏障，尤其是通风口处要全程覆盖，在温室内虫源种群基数较小时开展综合防治，可将害虫拒之网外，防虫效果在 90% 以上，而且防虫网的反射、折射光对粉虱也有一定的驱避作用。

（4）频振式光控杀虫灯灭虫。利用温室白粉虱对光、波、色、味的趋性，选用有极强诱杀作用的光源和波长，诱成虫扑灯，高压电网杀死虫体，其光控功能使其在天黑后自动开灯，天亮时自动关灯。将该灯吊挂在高于农作物植株的牢固物体上，可降低落卵量 70% 以上。利用白粉虱强烈的趋黄习性，在发生初期，将黄板涂机油挂于蔬菜植株行间，诱杀成虫。

（四）化学防治

不断加强抗药性监测，药剂防治应在虫口密度较低时早期施用，可选用噻嗪酮（扑虱灵）可湿性粉剂、联苯菊酯（天王星）乳油、啶虫脒、噻虫嗪、阿维菌素、溴氰菊酯（敌杀死）乳油、氰戊菊酯（速灭杀丁）、三氟氯氰菊酯（功夫）乳油、灭扫利乳油等，每隔 7~10 天喷 1 次，连续防治 3 次。在成虫盛期，选晴天的上午 11:00 左右，关通风，密闭温室，用化学药剂对植株及人行道喷雾，药剂中加少许碱性洗衣粉可增加药剂的附着力，提高药效，然后利用中午 30℃以上的高温，将化学药剂蒸腾，结合高温用药剂熏蒸，杀死各虫态温室白粉虱。

第九章

斑　潜　蝇

斑潜蝇属双翅目，潜蝇科，主要为害油菜、大白菜、豌豆、黄瓜、番茄等作物。

一、为害特点

主要以幼虫在植物叶片或叶柄内取食，形成线状或弯曲盘绕的不规则虫道，严重影响植物光合作用，从而造成经济损失。幼虫具有舐吸式口器，钻入叶片组织中，潜食叶肉组织，造成叶片呈现不规则白色条斑（插页图 7），使叶片逐渐枯黄，造成叶片内叶绿素分解，叶片中糖分降低，危害严重时被害植株叶黄脱落，甚至死苗。

二、形态特征

1. 成虫

体长 4~6 毫米，灰褐色。雄蝇前缘下面有毛，腿、胫节呈灰黄色，跗节呈黑色，后足胫节后鬃 3 根。

2. 卵

白色，椭圆形，大小为 0.9 毫米 × 0.3 毫米。

3. 幼虫

成熟幼虫长约 7.5 毫米，有皱纹，呈乌黄色。

4. 蛹

长约 5 毫米，呈椭圆形，开始为浅黄褐色，后变为红褐色，羽化前变为暗褐色。

三、生活习性

斑潜蝇成虫羽化后，刚脱离蛹壳的成虫喜趋向光亮处，一般在20分钟内翅完全展开，1小时后身体完全骨化着色。土壤中的蛹羽化后成虫即钻出地面，在土表爬行，待翅完全展开和身体骨化后，飞向寄主叶片。

成虫羽化出土能力测定结果表明：成虫出土率随蛹在土壤中深度的增加而减少，蛹位于1~5厘米深度时，出土率达80%以上。当蛹位于20~30厘米深时，只有20%~30%的成虫可以出土；蛹深40厘米时成虫无法出土。

成虫羽化多在上午完成，16时以后极少。温度对成虫羽化有一定影响，主要表现为羽化持续时间和高峰期有所不同。

四、发生规律

温度和湿度对蛹羽化有显著影响。不同温度条件下，斑潜蝇各虫态发育历期明显不同。在14~31℃内，随温度的增加，各虫态的发育历期相应减少。在恒温条件下矮生菜豆上斑潜蝇卵的发育起点温度为9.47℃，完成发育所需积温最少。蛹发育起点温度为10.96℃，完成发育所需积温也最多。完成一个世代的有效积温为241.07℃，发育起点温度为10.74℃。

不同寄主植物上各虫态历期研究表明，卵的发育不受寄主植物种类的影响，幼虫和蛹的历期及成虫寿命均受寄主植物影响显著。幼虫不能在寄主植物之间进行迁移，成虫通过在寄主上产卵而确定了幼虫的生活环境。

斑潜蝇的寄生蜂至少有4科16属49种，绝大多数为幼虫和幼虫至蛹期寄生蜂，对斑潜蝇的种群自然控制起着重要作用。除寄生性天敌外，斑潜蝇还有许多捕食性天敌，如蚂蚁、草蛉、蜘蛛、舞虻等。

五、综合防控技术

（一）农业防治

1. 休耕与轮作

斑潜蝇主要嗜好豆类、瓜类和番茄等作物，对甜椒、辣椒、苦瓜、油菜、小麦、玉米、水稻等作物选择性很差或不为害，进行轮作和休耕，可明显压低虫口密度。

2. 深翻灭虫

幼虫老熟后大部分钻出叶片掉落土中，在 2 厘米以内的表土层中化蛹。斑潜蝇在 30 厘米深时，只有 19.6% 的蛹可羽化出土，在 40 厘米以下均不能出土羽化，因此可深翻灭虫。

（二）物理防治

1. 防虫网

应用 30 筛目的防虫网，可把多种斑潜蝇和比其体积更大的害虫挡在保护地外，少量斑潜蝇进入温室，可用黄板诱杀或熏蒸剂及时处理。

2. 黄卡（板）诱杀

利用黄色粘板（卡、杯）等来诱杀斑潜蝇成虫。对于一般作物，黄卡筒状或竖直放置，并把黄卡放置在作物顶端齐平处诱集效果最好；黄板以 15 厘米 ×20 厘米大小诱蝇效果最佳。

（三）生物防治

保护并利用天敌斑潜蝇寄生蜂，对持续控制斑潜蝇有很重要的作用。

采取选择性农药（对寄生蜂比较安全）、物理防治、农业防治等措施防治美洲斑潜蝇，从而保护利用天敌。

（四）化学防治

1. 药剂筛选

对斑潜蝇幼虫和成虫防效都好的药剂有高效氟氯氰菊酯；沙蚕毒素系列的杀虫单、杀虫环、杀虫双等品种及混配剂中的阿维菌素、杀虫单、灭蝇胺等。仅对幼虫防效较好的药剂有阿维菌素类药剂，如阿维菌素等。昆虫生长调节剂中的灭蝇胺等。

对成虫防效较好的药剂主要有敌敌畏（击倒快，但持效期很短）、辛硫磷等有机磷类药剂和氰戊菊酯、氯氰菊酯、高效氯氰菊酯等拟除虫菊酯类药剂。

2. 防治虫态

在幼虫防治阶段，初孵幼虫期用药是关键，即把斑潜蝇消灭在为害初期。多数药剂对蛹的防效很差或无效；沙蚕毒素类药剂对斑潜蝇卵的孵化有明显抑制作用。

第十章

菜　　螟

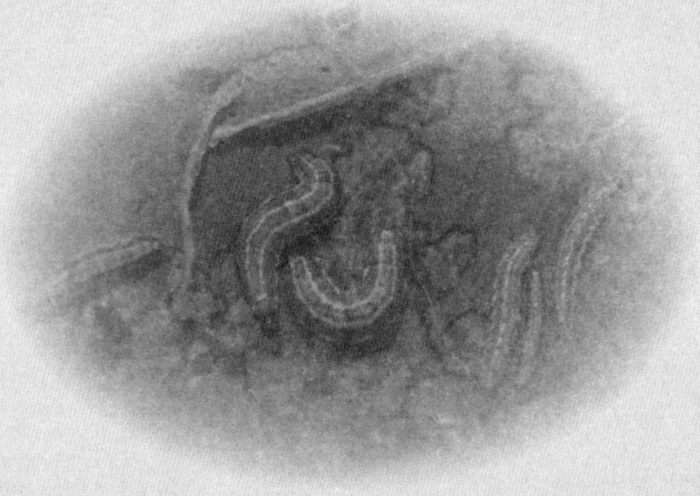

菜螟属鳞翅目，螟蛾科，学名 *Hellulaundalis Fabricius*，别名菜心野螟、钻心虫、剜心虫等，主要危害十字花科的白菜、甘蓝、芥菜、萝卜等蔬菜，偶见为害菠菜。菜螟广泛分布于全国各主要蔬菜产区。

一、为害特点

多以初龄幼虫蛀食幼苗，菜螟为害心叶（插页图 28），吐丝结网，影响菜苗生长，严重时可致幼苗枯死，造成缺苗断垅；高龄幼虫除啮食心叶外，还蛀食茎髓和根部，传播细菌软腐病，引致菜株腐烂死亡。

二、形态特征

1. 成虫

体长约 7 毫米，翅展 16~20 毫米，体灰褐色或黄褐色。前翅有波状横纹，后翅灰白色，外缘略带褐色。

2. 卵

椭圆形，扁平，长约 0.3 毫米，表面有不规则网纹，初产时淡黄色，渐转为红色或橙黄色。

3. 幼虫

共 5 龄，末龄幼虫体长 12~14 毫米。头部黑色，胸、腹部淡黄色或浅绿色，背面有 5 条深褐色纵线（插页图 29）。

4. 蛹

体长 7~9 毫米，黄褐色，翅芽长达第 4 腹节后缘，腹部背面有 5 条纵线。蛹茧长椭圆形，茧外附有泥土。

三、生 活 习 性

菜螟一年发生世代数由南向北逐渐减少，成虫飞行能力不强，昼伏夜出，白天隐藏在叶背或茎基部阴凉处，夜间出来活动。

初孵幼虫潜入叶表皮下，啃食叶肉，形成小且短的袋状隧道；2 龄后钻出叶表皮，在叶面活动；3 龄以后钻入菜心，并吐丝缠结心叶，藏匿其中取食心叶基部和生长点，造成心叶枯死；4~5 龄幼虫向上蛀入叶柄，向下蛀食茎髓或根部，蛀孔显著，孔外有丝掩盖。幼虫可转株为害，并能传播软腐病。

适宜菜螟生长发育的温度为 15~38℃，最适环境温度 26~35℃，相对湿度 40%~70%，干旱少雨的年份一般发生偏重，秋季为害最重。

四、发 生 规 律

老熟幼虫吐丝作茧化蛹，在田间杂草、残叶或表土层中越冬。翌年 7 月下旬开始羽化，直到 9 月上旬，历期 40 余天。

各代幼虫发育期：第 1 代 7 月至 9 月中旬，第 2 代 8 月下旬至 9 月下旬，第 3 代 9 月下旬至 10 月上旬，世代重叠。

成虫飞翔力弱，卵散产于叶脉处，常 2~5 粒聚在一起。每雌虫平均产卵 88 粒。卵期 3~10 天。幼虫孵化后昼夜取食。幼龄幼虫在叶背啃食叶肉，留下上表皮成天窗状，蜕皮时拉一薄网。3 龄后幼虫将叶片食成网状、缺刻。幼虫发育历期 11~26 天，共 5 龄。幼虫老熟后呈桃红色，开始拉网，24 小时后又变成黄绿色，多在表土层作茧化蛹，也有的在枯枝落叶下或叶柄基部间隙化蛹。9 月底或 10 月上旬开始越冬。

菜螟适宜高温低湿的环境。发生为害程度与寄主植物的苗龄大小密切相关。蔬菜的播种期，前茬及地势高低均与菜螟的发生轻重有关。天敌的控制作用也可以影响菜螟的发生程度。

五、综合防控技术

（一）农业防治

1. 合理布局

根据菜螟老熟幼虫在被害植株附近土缝中化蛹及成虫飞翔能力较弱等习性，对萝卜、白菜等十字花科蔬菜合理布局、避免连作，可显著减轻菜螟的发生为害。

2. 调节播种期

适时播种，使幼苗 3~5 片真叶期与菜螟为害的高峰期错开，减轻受害，南方可延迟播种。

3. 加强田间管理

采收后深翻土地，清除残株落叶，减少下代虫源基数。幼虫发生期及时增加灌水，利用喷灌等设施浇水，提高田间湿度，减少幼虫数量，降低田间虫口密度。

（二）物理防治

1. 灯光诱杀

在菜螟成虫羽化期，每菜园挂一盏黑光灯诱杀。

2. 性诱剂诱杀

将 2~4 头未交尾的活雌菜螟装在尼龙纱网制作的小笼子里作为诱捕器，吊挂在水盆上方诱杀菜螟雄虫。

（三）生物防治

人工释放寄生蜂。赤眼蜂是菜螟的重要天敌，人工释放赤眼蜂可有效抑制菜螟的生长发育和种群增长。

人工放蜂应选择晴天上午 8:00—9:00。通常每代放蜂 3 次，第 1 次可在始蛾期开始，数量为总蜂量的 20% 左右；第 2 次在产卵盛期进行，数量为总蜂量的 70% 左右；第 3 次在产卵末期进行，释放总蜂量的 10% 左右。每次间隔 3~5 天。菜螟田间种群数量大的情况下可增加放蜂次数、加大放蜂量。

苏云金杆菌乳剂（每亩用原药 100 克），或用青虫菌杀螟杆菌菌粉，含孢子数在 100 亿 / 克以上，加水 300~500 倍，并加 0.1% 洗衣粉，喷雾均可收到较好的防治效果。

（四）化学防治

在幼虫孵化盛期和蛀心前喷药，同时药剂应尽量喷到菜株心叶上。在幼苗出土后检查卵的密度和孵化情况，在孵化盛期或初见心叶被害和结网时即开始喷药，一般连续喷 2~3 次。可选用如下药剂：灭幼脲、甲维盐、乙基多杀菌素、溴虫腈、氯虫苯甲酰胺、茚虫威、定虫隆、氟虫脲等。

第十一章

豆 荚 螟

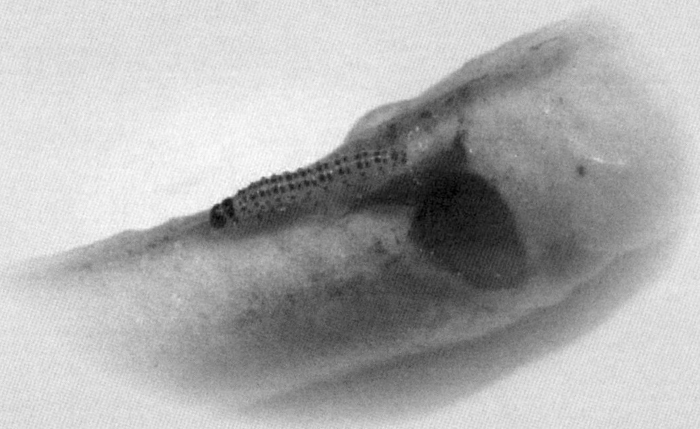

豆荚螟属鳞翅目，螟蛾科，寡食性害虫，寄主为豆科植物。

一、为害特点

豆荚螟是南方豇豆等豆类蔬菜的主要害虫，幼虫一般从豆荚中部蛀入，在豆荚内蛀食豆粒，被害籽粒重则蛀空，仅剩种子柄；轻则蛀成缺刻，在为害豆荚内充满虫粪，变褐以致霉烂，失去经济价值，严重影响大豆的产量及品质指标。

二、形态特征

1. 成虫

体灰褐色或暗黄褐色。前翅狭长，沿前缘有 1 条白色纵带，近翅基 1/3 处有 1 条金黄色宽横带（插页图 30）。后翅黄白色，沿外缘褐色。

2. 卵

椭圆形，长约 0.5 毫米，表面密布不明显的网纹，初产时乳白色，渐变为红色，孵化前呈浅菊黄色（插页图 31）。

3. 幼虫

分 5 龄，老熟幼虫体长 14~18 毫米，初孵幼虫为淡黄色（插页图 32）。以后为灰绿直至紫红色。老熟幼虫前胸背板近前缘中央有“人”字形黑斑，两侧各有 1 个黑斑，后缘中央有 2 个小黑斑。

4. 蛹

体长 9~10 毫米，黄褐色，蛹外包有白色丝质的椭圆形茧（插页图 33）。

三、生 活 习 性

豆荚螟成虫昼伏夜出，趋光性弱，飞翔力也不强。白天躲在豆株叶背、茎或杂草上，傍晚开始活动，趋光性不强。成虫羽化后当日交尾，隔日产卵。卵大多产在荚上的细毛间和萼片下面，少数可产在叶柄等处，每荚一般只产 1 粒卵，每头雌蛾可产卵 80~90 粒。

幼虫孵化后先在荚面爬行 1~3 小时，再在荚面结一白茧（丝囊）躲在其中，经 6~8 小时，咬穿荚面蛀入荚内，幼虫进荚内后，即蛀入豆粒内为害。2~3 龄幼虫有转荚为害习性，老熟幼虫离荚入土，结茧化蛹。

四、发 生 规 律

豆荚螟在广东地区一年发生 7~8 代。

豆荚螟喜干燥，在适温条件下，湿度对其发生有较大影响，雨量多、湿度大则虫口少，雨量少湿度低则虫口大；地势高的豆田，土壤湿度低的地块比地势低，湿度大的地块为害重。

结荚期长的品种较结荚期短的品种受害重，荚毛多的品种较荚毛少的品种受害重，豆科植物连作田受害重。

豆荚螟的天敌有豆荚螟甲腹茧蜂、小茧蜂、豆荚螟白点姬蜂、赤眼蜂等，以及一些寄生性微生物。

五、综合防控技术

（一）农业防治

（1）合理轮作，避免豆科植物连作。采用大豆与水稻等轮作方式可有效减轻豆荚螟种群基数，减轻豆荚螟的为害。

（2）灌溉灭虫。水源方便的地区在秋、冬季节灌水数次，可提高越冬幼虫的死亡率，在夏大豆开花结荚期，灌水 1~2 次，可增加入土幼虫的死亡率，增加大豆产量。

（3）选种抗虫品种。种植大豆时，选早熟丰产，结荚期短，豆荚毛少或无毛品种种植，可减少豆荚螟的产卵。

（4）豆科绿肥在结荚前翻耕沤肥，种子绿肥及时收割，尽早运出，减少越冬虫量。

（5）人工摘除虫蛀烂花。每天下午摘去被丝牵住的已从果枝上分离的虫蛀烂花，以及已脱离花托但仍附着于嫩荚顶端的花冠。

（二）生物防治

产卵始盛期释放赤眼蜂，对豆荚螟的防治效果可达 80%；老熟幼虫入土前，田间湿度高时，可施用白僵菌粉剂，减少化蛹幼虫的数量。

（三）化学防治

1. 地面施药

老熟幼虫脱荚期，毒杀入土幼虫，以粉剂为佳，主要有：杀螟松、倍硫磷、敌百虫、溴氰菊酯等。

2. 花期药剂防治

选用渗透性强、杀卵杀虫效果好的药剂；如阿维菌素、辛唑磷、安打等，上午花开放时喷施。药后 6 小时内遇雨应补喷。从初花期开始，每隔 6~7 天防治 1 次，至花期结束。

附　　录

附录 1　国家禁用农药品种

甲胺磷、甲基对硫磷、对硫磷、久效磷、磷胺、六六六、滴滴涕、毒杀芬、二溴氯丙烷、杀虫脒、二溴乙烷、除草醚、艾氏剂、狄氏剂、汞制剂、砷类、铅类、敌枯双、氟乙酰胺、甘氟、毒鼠强、氟乙酸钠、毒鼠硅、苯线磷、地虫硫磷、甲基硫环磷、磷化钙、磷化镁、磷化锌、硫线磷、绳毒磷、治螟磷、特丁硫磷、八氯二丙醚、福美胂、福美甲胂、氯磺隆、百草枯水剂。

附录 2　蔬菜禁用农药品种

甲胺磷、甲基对硫磷、对硫磷、久效磷、磷胺、六六六、滴滴涕、毒杀芬、二溴氯丙烷、杀虫脒、二溴乙烷、除草醚、艾氏剂、狄氏剂、汞制剂、砷类、铅类、敌枯双、氟乙酰胺、甘氟、毒鼠强、氟乙酸钠、毒鼠硅、苯线磷、地虫硫磷、甲基硫环磷、磷化钙、磷化镁、磷化锌、硫线磷、绳毒磷、治螟磷、特丁硫磷、八氯二丙醚、福美胂、福美甲胂、氯磺隆、百草枯水剂、甲拌磷、甲基异柳磷、内吸磷、克百威、涕灭威、灭线磷、硫环磷、氯唑磷、氟虫腈、水胺硫磷、氧乐果、灭多威、三唑磷、毒死蜱。

参考文献

曾玲，吴佳教，张维球，2000．广东美洲斑潜蝇主要寄生蜂种类及习性观察［J］．植物检疫，14（2）：65-69．

陈金翠，侯德佳，王泽华，等，2017．七种药剂对温室白粉虱不同虫态的防治效果［J］．植物保护，43（4）：228-232．

褚栋，潘慧鹏，国栋，等，2012．Q型烟粉虱在中国的入侵生态过程及机制［J］．昆虫学报，55（12）：1399-1405．

邓业成，徐汉虹，雷玲，2004．烟粉虱的化学防治及抗药性［J］．农药，43（1）：10-15．

傅建炜，徐敦明，吴玮，等，2005．不同蔬菜害虫对色彩的趋性差异［J］．昆虫知识，42（5）：532-533．

郭予元，2015．中国农作物病虫害［M］．北京：中国农业出版社．

何玉仙，翁启勇，黄建，等，2007．烟粉虱田间种群的抗药性［J］．应用生态学报，18（7）：1578-1582．

兰亦全，赵士熙，柯伟阳，2002．美洲斑潜蝇及其寄生性天敌的生态位［J］．生物安全学报，11（2）：84-87．

李惠明，2001．蔬菜病虫害防治实用手册［M］．上海：上海科学技术出版社．

李建勋，李娟，程伟霞，等，2008．甜菜夜蛾成虫生物学特性研究［J］．植物保护学科，24（5）：318-322．

李云端，2002．农业昆虫学［M］．北京：中国农业出版社．

梁广文，1990．黄曲条跳甲成虫空间分布图式研究［J］．华南农业大学学报，11（1）：15-32．

刘永杰，沈晋良，2003．甜菜夜蛾对氯氟氰菊酯抗性的表皮穿透机理［J］．昆虫学报，46（3）：288-291．

任顺祥，邱宝利，戈峰，等，2011．粉虱类害虫的监测预警与可持续治理技术透视［J］．应用昆虫学报，48（1）：7–15．

宋晓宇，齐淑华，袁会珠，等，2006．杀虫剂对烟粉虱成虫毒力的微量筛选方法［J］．昆虫知识，43（3）：877–879．

唐振华，陶黎明，李忠，2006．害虫对新烟碱类杀虫剂的抗药性及其治理策略［J］．农药学学报，8（3）：195–202．

涂业苟，吴孔明，薛芳森，等，2008．不同寄主植物对斜纹夜蛾生长发育、繁殖及飞行的影响［J］．棉花学报（2）：105–109．

王晶玲，张淑莲，陈志杰，等，2016．烟粉虱对不同寄主植物的选择性和适应性测试［J］．环境昆虫学报，38（3）：522–528．

吴伟坚，2002．黄曲条跳甲食性的研究［J］．生态学杂志，21（1）：32–34．

颜振敏，侯有明，罗万春，2005．马缨丹提取物对黄曲条跳甲成虫的生物活性［J］．昆虫知识，42（6）：664–668．

杨巍民，2007．关于温室的粉虱对亲烟碱类杀虫剂吡虫啉白抗性报告［J］．世界农药，29（6）：28–30．

尤民生，魏辉，2007．小菜蛾的研究［M］．北京：中国农业出版社．

张彬，刘怀，王进军，等，2008．甜菜夜蛾研究进展［J］．中国农学通报，24（10）：427–433．

张茂新，凌冰，2000．黄曲条跳甲防治技术研究新进展［J］．植物保护，26（6）：31–33．

张永军，梁革梅，倪云霞，等，2003．烟粉虱成虫对不同寄主植物的选择性［J］．植物保护，29（2）：20–22．

朱凤生，陈海生，卢永志，2001．经济作物上斜纹夜蛾暴发的原因及防治技术［J］．植保技术与推广，（21）：7–22．